U0001564

幸福
文化

不會表達，你的努力一文不值！

人資專家
李文勇
——著

用對方法，
讓你的努力更有價值

—— Amy 艾咪
艾咪老師的感性圖卡說 主筆

每當日子過到了 11 月，便是收到年終考核通知信的時候，雖然今年已經不會再收到，但無論在職場或是自由工作裡，「考核」算是對這一年的工作績效進行評估，看看自己哪裡做得好，哪邊可以調整再加強。

一年即將結束，你今年的工作表現如何？努力都有讓主管看見，或是反映在收入上嗎？如果沒有，你找到突破的方法並開始計畫了嗎？

「結果，比努力更重要。」無論今天你待在規模大或小的公司，努力是基本，業績和成果才是王道！而要如何聰明

地讓努力變為實際成果、提高能見度，便是本書的精華所在。

作者李文勇，透過故事案例與好上手的步驟拆解，用 33 個法則教你有效努力、高效工作，同時搭配小測驗、思考題或箴言，幫助你更深入理解該法則的精髓。

來源｜李文勇《不會表達，你的努力一文不值！》
圖源｜Noun Project 製圖｜知識圖解教練 Amy 艾咪

雖然去年已經離開職場，但閱讀這幾個法則時，卻發現數個篇章恰好能同步應用在目前的自由工作上，像是「做代替說」、「目標計畫具體化」、「八二法則」以及「先成長再成功」。

做代替說

　　與人合作共事，誠信是讓人對你有好感與信任感加分的關鍵，以前是面對主管與廠商，現在是面對我的合作夥伴和甲方。想獲得更多的合作，或能夠讓別人願意為我引薦，除了仰賴交付有品質的作品，我認為說到做到更為重要。

先成長再成功

　　透過靈魂拷問正視自己想成為的模樣，強化工作技能也端正自我心態，越認識自己與工作，讓我在事業發展的路上，每一步都走得踏實，每一次都能有所啟發和成長。

　　努力與過程是你在水面下的默默付出，結果與數字是水面上大家看到不爭的事實，相信讀完本書的你，會找到屬於你自己，讓努力更有價值的方法。

06 成長｜學會成長，為成功加分

💡 成長是走向成熟的發展階段，也是成功必經過程

認識自己→規畫未來

正視 ⬇ 思考

- ❓ 我是誰？
- ❓ 想成為的模樣？
- ❓ 差距還有多遠？
- ❓ 如何完善欠缺？
- ❓ 累了如何應對？

認識工作→強化技能

端正 ⬇ 心態

- 📍 優化工作流程
- 📍 積極請教他人
- 📍 心裡備好方案
- 📍 以結果為導向
- 📍 彙報挑重點說

人人都想追求成功
但別忘了前提：內心的成長

來源｜李文勇《不會表達，你的努力一文不值！》
圖源｜Noun Project　製圖｜知識圖解教練 Amy 艾咪

努力，
一定有回報嗎？

——盧美妏
諮商心理師、人生設計實驗室創辦人

「在這世界上有很多人，即使付出了艱辛的努力，也沒有實現自己想要的結果。甚至還有很多人連努力的機會都沒有，在開始努力前就遭遇了挫敗。」

日本東京大學名譽教授、《厭女》的作者上野千鶴子，日前在東京大學入學典禮上發表演講，她對新生們直言：「努力也沒有公正回報的社會在等著你」。

努力就能得到回報，是無比幸運的。

看到這本書的書名《不會表達，你的努力一文不值！》，原以為又是一本職場專欄文章集結成書，卻出我意料，翻開

沒多久，我就想推薦給身邊剛踏入職場的青年夥伴。

這是一本「職場存活手冊」。

在學生時期，我們習慣努力就得到回報。複習、背書、寫習題⋯⋯按照老師的進度一步步往前，就能在考卷上看到成果。

進入職場後，規則忽然變得複雜，我們再也沒有標準答案可以依循。想努力，也不知道該往什麼方向施力。

打電話跟發 E-Mail 有什麼差別？適合什麼時候用？

跟主管意見不合，該如何提出並說服對方？

如何建立信用？如何在會議中問出好問題？

《不會表達，你的努力一文不值！》把職場中很多抽象的規則，非常具體的描述出來，並將不同方法互相比較，讓人可以一目了然的選擇最適合當下情境的策略。讓你在對的時候，做出對的努力。

努力從來沒有錯。但如果你把力氣用在不對的地方，那你花多少力氣，就會反彈回來打擊自己多少。

現在就翻開這本書，別讓你的努力一文不值。

為什麼你的「努力」
一文不值？

　　某個偶然的機會，請一個下屬整理資料，他竟然花了一整天的時間，都沒有把東西交出來，反倒振振有詞地說：「我很努力了，可是真的做不完啊。」作為主管，「我努力了」這句話不知聽過多少回，每次都得面對一張張狀似無辜的臉孔。但是，你的「努力」，其實一文不值！

　　工作以後還把「努力」當免死金牌的人，都是心態還未脫離學校生活的職場小白。只會努力是行不通的，還會令人生厭。在此，建議你捫心自問三個問題：

　　1. 你可以不「努力」嗎？

　　當然不行。因為「努力」這兩個字，本就應該是每個人

站在職場起跑點時的覺悟。

2. 你的薪水是按「努力」來計算的嗎？

當然不是。績效的計算，無非是任務完成的數量和品質，也就是你做了多少和做得多好，與流了滿身大汗、跑到天都黑了沒有任何關係。

3. 兩個員工，一個每天加班到半夜十二點，拚死拚活，但還是無法完成任務；另一個每天上班喝咖啡、看雜誌，準時下班不延遲，但交代的工作卻正確無誤地完成。請問，你更欣賞哪一個？

當然是後者！不用「努力」就把工作做好的人，才是菁英。

「努力」是個褒義詞，最好留給別人去評價，而不是自己來標榜。「我已經努力了」這句話，其實是對「能力配不上工作」的掩飾與推諉。這樣的情況出現三次，基本上就耗盡主管對你的信任。

努力是一種精神，但要讓你的努力有價值，不但需要智商，更需要情商。

如果你沒有搞懂「努力」的價值，那註定還要在月薪24K的泥淖中掙扎許久。

目錄　contents

推薦序 ▌用對方法，讓你的努力更有價值　004

推薦序 ▌努力，一定有回報嗎？　008

自　序 ▌為什麼你的「努力」一文不值？　010

01

溝通
COMMUNICATION

01 ▌沒有過度的溝通，只有錯誤的溝通　020

02 ▌分享資訊，而不是囤積它們　031

03 ▌絕不在枝微末節拖泥帶水　038

04 ▌想當出色的主管，就要把故事講好　046

05 ▌想做的事，立刻去做　057

06 ▌說出答案，不要問多餘的問題　065

02 價值
VALUE

07 ┃ 打破層級，才能高效運轉　074

08 ┃ 不要簡單地接受大 Boss 的意見　083

09 ┃ 確實落實預計的戰略目標　090

10 ┃ 把權力下放給小團隊　097

11 ┃ 鋸掉椅背，實行走動式管理　105

12 ┃ 自主創新，才是真正有價值的創新　113

13 ┃ 把希望變成目標，為目標制訂計畫　121

14 ┃ 把時間和精力用在最重要的事情上　129

03 團隊
TEAM

15 ┃ 做一個「自燃型」的員工　138

16 ┃ 成長為「複合型」人才　149

17 ┃ 廣泛學習、吸收多元化知識　156

18 ┃ 不要簡化徵才的流程　165

19 ┃ 賞罰分明，才能帶來生機和活力　172

20 ┃ 將合適的人請上車，不合適的人請離開　179

04 決策
DECISION MAKING

21 ▌ 如果目標有衝突，就去改變它們　192

22 ▌ 在沒有出現不同意見之前，不做任何決策　200

23 ▌ 從客戶的角度思考　207

05 創新
INNOVATION

24 ▎不要幫創新設定框架　216

25 ▎培養發生故障時的復原能力　223

26 ▎認真聆聽，不要急於否定　228

27 ▎創造「Yes」文化　233

28 ▎讓搞砸事情的人寫事後總結　239

06 成長
GROWING

29 常學常新，發掘自己的無限潛能 *250*

30 先學會成長，才能為成功加分 *255*

31 管理越少，公司越好 *265*

32 做一個有信用的人 *272*

33 觀察老同事離開時的樣子 *278*

溝

通

01

COMMUNICATION

01 沒有過度的溝通，只有錯誤的溝通

當你認為自己溝通過度時，其實可能才剛剛開始。

——谷歌產品高級副總裁喬納森・羅森伯格（Jonathan Rosenberg）

　　現任職於美國微軟公司的社會學家理查德・哈珀（Richard H.R. Harper），在自己的著作《本質》（Texture）中提到了一個矛盾，人們一方面抱怨這個年代溝通過度，另一方面又樂此不疲地發明各種新的溝通工具。這到底是為什麼？他給出的答案是：發明一種新的，並不是為了取代原有的。

　　說穿了，就只是為了豐富溝通手段，增加溝通模式，讓我們選擇最適合的一種去高效溝通。當你認為溝通過度時，其實可能才剛剛開始。當你認為自己的生活和工作陷入了過

度溝通，恰恰是該反思的時候。

■ 一、選用恰當的工具

常見的溝通工具有面談、電話（手機）、手機簡訊、通訊軟體、E-mail 五種，各有其優缺點和適用場合。如果你不小心用錯了，哪怕花在溝通上的時間再多，或覺得溝通嚴重過度，也不過是一種錯覺。

比如，你與客戶用手機簡訊溝通，說了很長時間，但事情太複雜，怎麼也說不清楚，還造成彼此之間諸多誤解。這就不是溝通過度，而是用錯了溝通工具。

針對上述五種溝通工具，我提出一些原則性的建議：
1. 若在同一辦公室，儘量採用面對面溝通。
2. 一般情況下，以語音方式溝通，包括電話、手機。
3. 條件允許，可使用通訊軟體等進行語音通話，輔以文字溝通，記錄關鍵資訊。
4. 若辦公條件不允許語音溝通，或需進行簡短的討論、交換意見、發布通知等內容時，可以用手機簡訊或 E-mail。

■ 二、溝通時，儘量不要猜測對方的想法

當你覺得溝通過度時，我建議你思考一個問題：是不是

溝通的方法、技巧等出了差錯？

　　例如，你喜歡猜測對方的意思、習慣迴避面對面的談話、常常轉移話題、屢屢給別人多餘的建議或勸告、表達的內容模稜兩可等等。如果存在這些現象，那麼溝通自然會吃力不討好，也就容易產生「溝通過度」的錯覺。

方法 1　開口問，不要猜測對方的想法

　　很多人在溝通中會犯一個錯誤，就是喜歡猜測對方的觀點或需要什麼，而不是直接詢問：「你的想法是什麼？」他們的口頭禪是「我以為你是這麼想的」「我以為你同意了」「我以為你不會這樣做」。如此就很容易造成誤解，於是，便得花時間去解釋清楚，消除誤解，這樣反反覆覆，不僅導致溝通低效，還讓他們覺得溝通過度。

　　【建議】：少一些想當然耳，多些確認。哪怕你認為自己已經完全明白對方的想法，最好也要複述其觀點，請對方確認：「你的意思是……這樣吧？」

方法 2　直接切題，無須轉移和迴避

　　有事說事，不要拐彎抹角，常見的離題情況有兩種：一種是有意地轉移話題，譬如，談到棘手的事情，不想直接表態，就顧左右而言他，導致雙方沒辦法針對原話題深入交談；另一種則是無意，像是聊著 A 話題，突然想到 B 話題，就開始扯 B 話題。這也是導致溝通低效，貌似溝通過度的常見原因。

【建議】：一事一議，就事論事，不人為擴大談論的話題。記住，當你和別人談論這件事時，就僅僅談論這件事本身。如果對方離題，則要提醒他，別被牽著走。

方法 3　用語簡潔，切勿重複又囉哩囉唆

我曾有一位上司，溝通時特別喜歡重複同樣的話，說一遍就可以了，他偏要說很多遍，對方明明表示已經懂了，他還在那裡嚼舌頭。與這樣的人溝通，效果就會很差。看似說了很多話，談了很長時間，但其實問題可能還沒講清楚。

【建議】：直奔主題，廢話少說，同樣的話，說一遍是交代，說兩遍是強調，說三遍就多餘了。

方法 4　內容具體，避免模稜兩可、不知所云

有些人說話喜歡模稜兩可，這樣也行，那樣也可以，你怎麼說他都不願意明確表態，搞得你費盡口舌，也無法弄懂他的意思。這樣的溝通不低效才怪。

【建議】：明確提問：「你是什麼意思？」「你的觀點是什麼？」如果對方態度模糊，就繼續問：「能說具體一點嗎？給個標準可以嗎？」當然，態度要溫和一點，如果再問不出來，那就放棄溝通，另選對象。因為在這樣的人身上，浪費時間和口舌沒有意義。

我非常推薦 Mind Tools 研究機構總結關於溝通的「7C原則」。

● **清晰（Clear）**——無論是文字還是口頭溝通，都應該清晰地傳達訊息。在開口之前，想清楚自己要表達什麼，否則，就別說話。

● **簡潔（Concise）**——去除不必要的訊息，也不要繞來繞去，在 30 秒甚至更短的時間內說清楚意思。

● **具體（Concrete）**——重點描述具體的細節和事實，讓對方明白你所描述的事情。

● **準確（Correct）**——所用的詞彙、表達的語氣，要確保對方準確地理解你的意思。

● **連貫（Coherent）**——表達要有邏輯性，所說的話必須能完整地串聯起來，不能讓人不知所云。

● **完備（Complete）**——不要遺漏任何訊息，且不要忽視細節。

● **謙恭（Courteous）**——溝通時要有禮貌，表現出謙虛的態度，語氣平和，非一味攻擊和侮辱。

▌三、溝通的態度決定成敗

我將溝通態度歸為「假過度溝通」的原因很簡單，因為在溝通中，任何一方的態度不好，都會造成溝通低效，並且

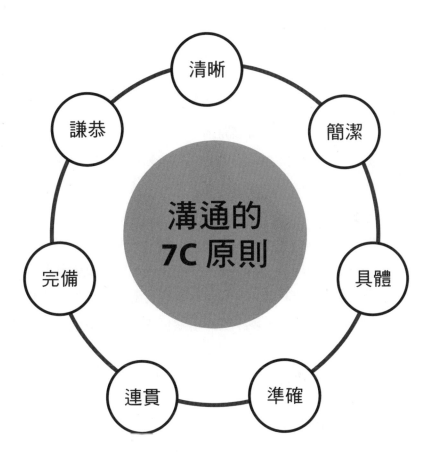

容易引發矛盾，這是很讓人生氣、失望的事情。有些人由於自己或對方的態度不好，導致在溝通中互鬧彆扭，結果一個簡單的問題來來往往很多次，始終沒有進展，這不正是「假過度溝通」嗎？

態度 1　對事不對人
——不要帶著主觀情緒或偏見去溝通

溝通最忌諱的是，還沒開始，其中一方就在心裡對另一方有敵意。或由於以往共事時的不愉快經歷，或受個人感覺、印象的影響。在這種情況下，溝通中的「攻擊」或「消極」就難以避免。

舉個簡單的例子，你根本就瞧不起我，當我和你溝通工作時，你就會表現得不屑一顧，消極應對，或態度強硬、話裡有話，給我製造麻煩。當我見你這麼有針對性，而不是真心討論工作，我也會出現不良的情緒反應，這樣溝通就很難繼續下去，甚至容易出現衝突。

【建議】：請放下個人情緒與主觀的評判，就事論事。

態度 2　坦誠表達
——切勿把直接的表達當成攻擊性的言語

很多時候，說話過於直接會無意中得罪人。比如，同事完成一個企畫案，你看了之後說：「這個案子不好，有很多沒有考慮周延的地方！」原本你只是單純地評價，但同事聽

了很可能就感覺不舒服，覺得你故意找機會攻擊他。

【建議】：直接表達是提高溝通效率的有效方式，很多高效能人士都非常鼓勵這樣的做法。

想要避免他人誤解，你可以在表達之後加上一句：「我只是實話實說，沒有其他意思！」如果場景換成別人這麼做，你也要告訴自己：「他不是針對我個人，他只是如實陳述而已。」

態度 3 求同存異
── **雙贏勝過爭輸贏**

溝通中出現分歧是很正常的，面對不同的意見，切勿總想著說服對方。記住，溝通不是比賽，不存在「贏」或「輸」。最好的方式是雙贏──彼此溝通愉快，把難題解決了。

【建議】：出現分歧時，試著先肯定對方的觀點，站在他的角度去思考，如果無法認同，不妨擱置分歧，求同存異。這是一種智慧，也是一種風度，會讓溝通順利且高效。

你屬於哪種溝通風格？

在下面兩兩相對的描述中，請根據實際情況來為自己打分數，
然後統計總分。

1. 喋喋不休—1—2—3—4—5—寡言少語
2. 坐姿端正或前傾—1—2—3—4—5—坐姿隨意或畏縮
3. 喜歡閒聊開玩笑—1—2—3—4—5—不喜歡閒聊開玩笑
4. 重形式—1—2—3—4—5—不重形式
5. 積極進取—1—2—3—4—5—消極被動
6. 大嗓門—1—2—3—4—5—輕聲細語
7. 自作主張—1—2—3—4—5—四處請教
8. 經常對別人施加壓力—1—2—3—4—5—不太催促別人
9. 下命令時以說代問—1—2—3—4—5—下命令時以問代說
10. 要求別人順從—1—2—3—4—5—寬待別人的作為
11. 刻薄—1—2—3—4—5—體諒
12. 勇於面對—1—2—3—4—5—不敢與人接觸
13. 固執—1—2—3—4—5—善變
14. 武斷—1—2—3—4—5—優柔寡斷
15. 好勇善鬥—1—2—3—4—5—懦弱順服
16. 反應快速—1—2—3—4—5—反應遲鈍
17. 勇於挑戰—1—2—3—4—5—消極認命
18. 直截了當—1—2—3—4—5—拐彎抹角
19. 喜歡傾聽—1—2—3—4—5—喜歡表達

20. 喜歡分析—1—2—3—4—5—不喜歡分析

統計你的得分：＿＿＿＿＿＿＿＿＿，
作為後附座標圖中的橫座標得分。

1. 熱情友好—1—2—3—4—5—冷酷無情
2. 富於幻想—1—2—3—4—5—注重實際
3. 以人為中心—1—2—3—4—5—以事情為中心
4. 放縱開放—1—2—3—4—5—自我約束
5. 有問必答—1—2—3—4—5—守口如瓶
6. 容易親近—1—2—3—4—5—保持距離
7. 善於規畫時間—1—2—3—4—5—不懂支配時間
8. 調皮—1—2—3—4—5—嚴肅
9. 喜歡套交情—1—2—3—4—5—不講交情
10. 注重實質—1—2—3—4—5—注重表面
11. 自然的—1—2—3—4—5—做作的
12. 衝動的—1—2—3—4—5—理智的
13. 行為灑脫—1—2—3—4—5—行為拘謹
14. 表情豐富—1—2—3—4—5—表情呆板
15. 喜歡熱鬧—1—2—3—4—5—喜歡獨處
16. 喜歡用手勢—1—2—3—4—5—不喜歡用手勢
17. 易怒—1—2—3—4—5—冷靜
18. 穿著隨意—1—2—3—4—5—穿著正式
19. 正直的—1—2—3—4—5—虛偽的

20. 注重細節—1—2—3—4—5—不拘小節

統計你的得分：＿＿＿＿＿＿＿，
作為後附座標圖中的縱座標得分。

根據兩個得分，在下面的座標圖中找出你的座標選
項。

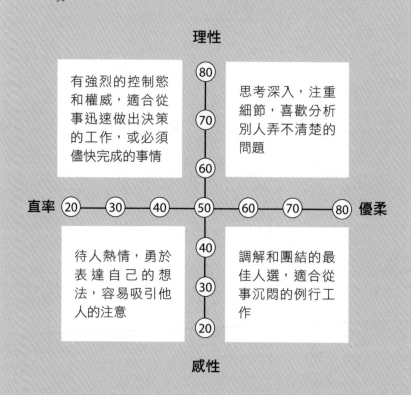

02 分享資訊，
而不是囤積它們

即使真相並不令人愉快，也一定要做到誠實。

——英國哲學家、數學家、邏輯學家伯特蘭・羅素（Bertrand Russell）

　　谷歌產品高級副總裁喬納森・羅森伯格說：「在谷歌，我們賦予每個人平等的權利，去分享一切資訊。今日的世界屬於網際網路時代，力量源於資訊分享，而不是囤積或隱匿它們。員工們希望被信任，而非討厭和驚訝。」一個完全透明的政策，可以滿足任何溝通的需求。

　　如果一件事只說了一半或一部分，抑或隱去關鍵的資訊，看起來像是說了事實，但已經不是全貌，反而更容易誤導他人。從這個角度來說，不說完整的真話，其實是彌天大謊，是人與人溝通的大忌。輕則使人誤判情勢，重則引發矛

盾糾紛，甚至會導致災難。「真話只講一部分」這種現象，在日常生活中並不少見，於職場工作裡更是司空見慣。

英國哲學家、數學家、邏輯學家伯特蘭·羅素說過：「即使真相並不令人愉快，也一定要做到誠實。」誠實意味著開誠布公，意味著有話直說，意味著分享所有，而不是隱瞞部分資訊，尤其是關鍵重點。

勇敢說出全部的真實想法

溝通的重要性毋庸贅言，但如何才能讓溝通變得高效？這是每個職場人士都應該思考的問題。在我看來，溝通要高效，大家就必須互相分享資訊，包括從外部得來的客觀資訊，還有自己內心的全部真實想法。

像是公司開會討論事情時，與會人員都應該坦誠地交換意見，這樣才能讓各部門了解彼此的想法，做到集思廣益。如果某個人因為考慮到其他因素，比如，不願意反駁同事的意見，在會議裡有話不說，或吞吞吐吐只說一半，或一味地附和大家，上司就完全無法明白他的意思，也就不能最大化地集合眾人的智慧。若是等到出問題，再來事後諸葛：「我早料到會那樣！」就為時已晚了。

世界上優秀的企業，都有積極分享、敢說真話的公司氛圍。

例如在 Google，每個人都有平等發言、分享資訊的權利。

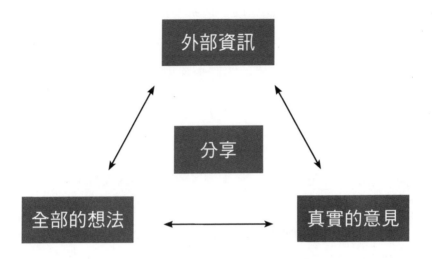

Google 認為，開誠布公的交流和溝通，是團隊合作中最重要的環節。而遮遮掩掩、言不由衷，則會嚴重破壞團隊的和諧氣氛，最終導致企業經營失敗。

◤ 開放式交流與相互尊重缺一不可

作為企業管理者，要想實現互通有無，完全無障礙、無隱瞞的溝通，很有必要在制度層面上下功夫，比如，像微軟公司那樣，推崇「開放式交流」（Open communication），要求所有員工在任何溝通場合，都要敞開心扉，完整地表達自己的觀點。微軟人認為，如果大家有意見，一定要勇敢說

出來，否則，公司可能會錯失良機。

當年網際網路剛興起時，很多微軟高層不理解也不贊同花太多精力，去發展這個「不賺錢」的技術。但是一些相關人員卻不同意這個看法，他們不斷地提出自己的意見來爭取，雖然公司方面並不理解箇中道理，但仍然支持他們「開放式交流」的權利。

後來，這些人的意見傳到比爾·蓋茲耳裡，終獲採納，並因此調整公司的策略，結果一舉收割成功的果實。

微軟的例子告訴我們，開放的交流環境，對公司高層的決策、對企業推動創新的能力非常重要。當然，也有其缺點，即容易引發激烈的爭吵，吵到氣頭上，可能就會出言不遜，傷了團隊的和氣。到時候還怎麼解決問題？

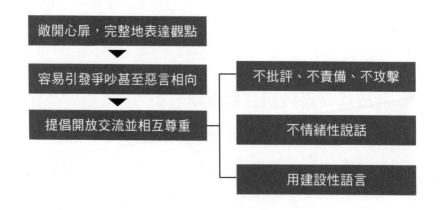

微軟公司的執行長史蒂芬‧巴爾默（Steve Ballmer）提出，要在微軟的核心理念中，把這種開放式交流文化改成「開放並相互尊重」。

他要求大家在交流時相互尊重，如果不同意對方的意見，一定要用建設性的語言提出建議。像是你指出別人的做法不對，同時也要提出自己的見解，給人明確的方向，而不是一味地反對。

🔖 每一次談話都要有始有終

在分享一切、不隱瞞的坦誠交流中，不能缺少積極的回饋。無論對方表達的觀點你是否認同，你都應該告訴別人你的看法。絕不能因為意見不一樣，就採取不理不睬的消極態度。這不僅不利於意見交流，還容易導致雙方失和。

積極的回饋會產生兩種作用：第一，讓對方知道你明白他的意思；第二，讓對方知道你對他所提出的意見，是認同還是反對，是不確定還是有待商討。

尤其是你身為公司管理者時，積極的回饋更能為別人指明下一步的工作。比如，下屬提出一個企畫案，你的回饋是：案子的方向對了，但有待補強！那麼他就知道接下來該怎麼做了。

你的溝通能力如何？

下面有 10 道題，請根據實際情況作答，以了解自己的溝通能力為何。

❶ 和別人溝通時，是否覺得自己的話不能被對方正確理解？

    A. 很少　　　B. 有時是　　　C. 經常

❷ 與那些和你持有不同觀點的人溝通時，是否會覺得對方的思想很怪異？

    A. 從不　　　B. 有時是　　　C. 經常

❸ 與人談話時，如果不能確定了解對方的觀點，你是否會請他再解釋一次？

    A. 總是　　　B. 很難說　　　C. 很少

❹ 在開會時，你是否願意坦誠地表達自己的觀點，不隱瞞、不保留？

    A. 總是　　　B. 有時是　　　C. 幾乎不

❺ 如果同事或上司否定你的觀點，你會感到失落嗎？

    A. 很少　　　B. 有時是　　　C. 經常

❻ 如果別人回答你的問題含糊其詞，你會提醒對方再說一遍，直到意思明確為止嗎？

    A. 會　　　B. 有時會　　　C. 不會

❼ 在一次會議上，上司或同事說出了一個錯誤的觀點，或根據不正確的資訊做出錯誤的決策，你會站出來反對嗎？

    A. 經常會　　　B. 偶爾會　　　C. 不會

❽ 在一次會議中，有人反對其他人的觀點，並堅持自己是對的，你會認為他傻嗎？

A. 不會　　　B. 偶爾會　　　C. 經常這麼認為

❾ 和別人溝通時，你更傾向用電話代替發簡訊嗎？

A. 是的　　　B. 看情況　　　C. 不是

❿ 當你不同意別人的觀點時，還會認真聽下去嗎？

A. 會　　　B. 難説　　　C. 不會

【得分說明】

每個問題有三種答案，選擇 A 得 2 分，選擇 B 得 1 分，選擇 C 得 0 分。

● 總分在 0 ～ 12 分：溝通能力較差，有必要加強這方面的學習。

● 總分在 13 ～ 16 分：溝通能力一般，仍需學習和加強。

● 總分在 17 分以上：有很強的溝通意識和溝通能力，願意分享所有，不隱瞞自己的真實想法。

03 絕不在枝微末節
拖泥帶水

> 溝通不是一封封長長的郵件，
> 也不是我們腦子裡冒出的每一個念頭。
>
> ——美國著名作家埃爾莫爾‧倫納德（Elmore Leonard）

當倫納德被問起如何成為知名的作家時，他說：「因為我省略了人們忽視的內容。」這跟職場中所說的話一樣，應該是考慮周全而且精準的——你的一切言論都會被無限延伸。「要乾脆、直接、聰明地選擇每一個詞語。」

有人經常會做這樣的蠢事：把一份報告寫得天花亂墜，厚度多達 30 頁；向高層彙報工作進度時，花費半個多小時還講不完；會議中負責介紹某個項目，拖拖拉拉十幾分鐘才說清楚這個項目到底是要做什麼……這些漫長的溝通，不僅

浪費雙方的時間，還讓話題的重點淹沒在連篇的廢話之中，影響了資訊的準確傳達和完整表述。

真正優秀的領導者和高效能人士，在溝通時往往會惜字如金，他們一針見血，直指問題的核心，絕不在枝微末節上拖泥帶水。

美國第 30 任總統小約翰・卡爾文・柯立芝（John Calvin Coolidge, Jr.）在執政期間，國內經濟快速發展，被稱為「柯立芝繁榮」。

儘管這不是柯立芝一人的功勞，但與其提倡的「無為」式管理密不可分。他說過：「少管閒事的政府是最好的政府。」他的管理之道是讓政府隱形，讓市場自由競爭。

柯立芝是美國歷屆總統中最悠閒的，他以「懶惰」「嗜睡」聞名。據說，柯立芝一天至少要睡 11 個小時，午覺經常可以睡到下午 5 點。他的懶不僅表現在貪睡上，還出現在說話上，被人稱為「沉默的卡爾」。

有位女士曾在一次晚宴中坐在柯立芝身旁，她對柯立芝說：

「總統先生，我剛和一個朋友打賭，他說他沒辦法讓你說出兩個字以上。」柯立芝回答說：

「你輸（You lose）。」

很多人就要問了，如此「懶散」「寡言」的總統，如何能管理美國呢？

事實上，柯立芝的管理方式對當時的美國來說，是非常聰明的辦法。

當時美國正處於戰後經濟復甦期，無為而治大大發揮了美國人民的積極性和聰明才智。他上任時，面對的是一個四分五裂的共和黨，和一個信譽掃地的聯邦政府。作為總統，他奉行了少說多做的行事風格，贏得了美國人民普遍的信任。

管理企業和管理國家一樣，如果目標過多，則往往難分主次，影響執行效率。柯立芝的寡言，最大的好處就是：給了屬下最明確的執行目標，因為只要是他說出來的話，就是重點。其沉默是刻意而為的，他後來提道：「總統的話舉足輕重，絕不可恣意亂說。」

除了重點，寧可不說。這是最值得企業管理者們學習的地方。

▐■ 遵循麥肯錫的「30 秒電梯理論」

麥肯錫公司曾經為一家重要的大客戶做諮詢，在諮詢快要結束時，麥肯錫的專案負責人與那家公司的董事長在電梯裡相遇，董事長開口詢問：

「可以和我說一下諮詢的結果嗎？」

該負責人事先沒有準備，只好邊想邊說，結果在電梯裡沒有說清楚。最終，麥肯錫失去了一位重要的大客戶。

從那以後，麥肯錫要求全體人員，都要在最短的時間內（30 秒），把事情表達完整清晰，並展開針對性的培訓。麥肯錫人認為，要想在 30 秒內把想說的說清楚，就必須開門見山、直奔主題、提取要點，而不是毫無章法的溝通。

他們把回答歸納為一、二、三點，而不是四、五、六點，因為太多了別人記不住。這就是企業界流傳甚廣的「30 秒電梯理論」。

30 秒看似很短，但如果惜字如金，只講重點，完全夠用。電視節目中播出的廣告，很多都不到 30 秒，卻能傳達出不少訊息，連觀眾都嫌煩。廣告如此，溝通同樣如此。如果你絮絮叨叨地說了很久，卻沒講明白你的意思，或已經講明白了，仍然在囉哩囉唆，聽話者一定也會覺得厭煩。所以，學一學麥肯錫的「30 秒電梯理論」，在 30 秒內，把要表達的內容「三點」化，則溝通效果將會倍增。

1. 聲量夠大，沒有附加語言

聲音洪亮，保證對方能聽清楚。若太小聲對方沒聽到，又問你說什麼，你再重複，溝通效果就會大打折扣，30 秒會很快用完。

音調有變化，可以強調你所講的重點，能增強聽者的聽

覺效果。

沒有附加語言，不帶口頭禪，比如，「這樣的」「就是說」「這個」「那個」等，這些詞語傳達不了資訊，卻會占用時間，絕對要杜絕。

2. 事先沙盤堆演，溝通中靈活應變

拜訪客戶、向主管彙報工作、對下屬傳達指令之前，都應事先做好準備，要說什麼，怎麼說，心裡得沙盤推演。

溝通遇到突發問題時，應針對問題迅速進行歸納和整理，總結出一、二、三點，而且是重點，果斷、自信地進行答覆。

■ 掌握簡潔溝通的「金字塔原則」

當你在 30 秒內抓出一、二、三點之後，如果對方想深入交談，則可進一步詳細分析剛剛所提出的重點。這時你可以採用「金字塔原則」（如後圖），逐層逐級一一進行細說。

對於金字塔每一層的支持論據，必須要求彼此之間相互獨立不重疊，但是合在一起則完全窮盡不遺漏資訊。不重疊才能避免溝通中講廢話、做白工；不遺漏資訊才不會造成溝通誤解，反而壞事。當你堅持使用金字塔的溝通原則時，無論對象是上司、下屬還是客戶，只要一開口，把中心論點和 3 個要點講出來，對方就明白了，事情便辦成了。

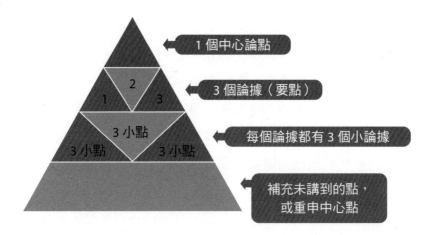

1 個中心論點

3 個論據（要點）

每個論據都有 3 個小論據

補充未講到的點，或重申中心點

當然，我有必要提醒一句，3 個要點只是我的建議，如果有 4 個要點，就說 4 個，不必刻意濃縮為 3 個。你也可以先說 3 個最關鍵的要點，等到最後如果有機會，再補充其他的次要點。

如果有人說廢話，請馬上打斷

惜字如金，是我們對自己在溝通時的要求，對於別人，我們無法規範，但可以提醒。

尤其是自己作為管理者，如果下屬來溝通問題、彙報工作時過於囉唆，你完全可以友善地打斷他，提醒他講重點。畢竟，你的時間是寶貴的，需要把它用在更重要的事情上，所以，與下屬溝通，一定要言教身教並行，請他講重點。

在普惠體檢健康產業集團，很多部門負責人都收過董事長蓋錦華發送的簡訊，意思是溝通要長話短說，言簡意賅，這既是其鮮明的行事風格，也是她在公司宣導的交流風氣。在這方面，很多普惠員工都有深刻的體會。

其中一位透露：「向蓋總彙報工作，一定要做好隨時被她打斷的準備，她總是會直搗核心，問你最關鍵的問題。如果你只是按照自己的邏輯準備，而沒有對事情全面掌握，就會被她問得張口結舌。」

在蓋錦華看來，冗長的表達，會造成不清不楚的結果，成功的溝通，關鍵在於簡潔。所以，在普惠很少有長篇大論的資料，各種規章制度都很簡單扼要，一條一條清楚明瞭。還有上達主管部門的簽呈，要求凸顯重點，不要超過兩頁紙。蓋錦華經常強調，沒有人願意花那麼多時間，聽你說事情的來龍去脈，所以，別費盡口舌說小事，要用隻言片語說大事。

簡潔的表達，已成為普惠企業文化的一部分。在這裡，如果你問一個參加過職前訓練的員工：「普惠的宗旨是什麼？」「普惠的價值觀是什麼？」「普惠的服務理念是什麼？」對方都能迅速而準確地回答出來，因為這些問題的答案簡短完備、琅琅上口。

事實上，我們強調溝通簡潔，並不只是為了節省時間，提高效率，更是為了轉變工作思路。長話短說，既有利於釐清思路，亦能增加工作完成速度。

30 秒電梯理論

● 第 1 步：

下一次有機會向主管彙報工作，或者對客戶介紹產品
時，請試著在 30 秒內説明你的建議，然後從對方的反
應中檢驗你表達的效果。

● 第 2 步：

當對方請你詳細論述觀點或產品時，可採用一、二、
三點的模式表達，再看對方的反應。

● 第 3 步：

若對方還有疑問，請再補充説明，並以「另外……」
這樣的方式表達。

　　堅持按照這三個步驟去實行，並形成你個人的
表達習慣，你的溝通簡潔性將會提高，溝通能力也
能大幅提升。

04 想當出色的主管就要把故事講好

> 故事長駐大腦，因此帶來變化，
> 或者說有機會影響行為。
>
> ——領導與變革大師約翰·科特（John P. Kotter）

　　好的主管都是好的老師。好的老師會說好故事。我們從敘事中學習，想要當個好主管，那就必須把故事講好、教好。這兩者無法分割。

　　請按照我的指示，來做一個小測驗：

　　不要去想像一頭紅色的大象，再重複一遍，不要去想像一頭紅色的大象；

　　不要去想像這頭紅色的大象站在滑板上，以 120 公里的時速從雪山上滑下來，而且牠脖子上繫著一串能夠發出清脆聲音

的鈴鐺;

　　不要去想像大象在滑雪過程中,滿臉掛著喜悅的微笑……

　　實話實說,當你讀到上面的句子時,大腦中是否想像了一頭紅色的大象?而且利用自己的記憶,產生了紅色、鈴鐺、喜悅的微笑等聯想,不是嗎?

　　其實,我不過是講了一個並不高明的故事,你就不由自主地去想像,甚至牢記在心中。如果碰到說故事高手,那這種形象會在你的腦海裡更加深刻,且對這些聯想的記憶愈加持久。這就是故事的力量。

　　領導與變革大師約翰·科特曾經說過:「故事長駐大腦,因此帶來變化,或者說有機會影響行為。」

　　儲存於大腦中的各種故事,都是有開頭,有過程,有結局的。哪怕聽者忘記了部分無法拼湊完全,仍會對其情節以及所隱含的智慧記憶猶新。如果你的故事真實而吸引人,人們不僅非常願意聽,而且聽後還會分享給其他人。很多行銷類的勵志經典,就得益於這種口耳相傳,越傳越有影響力,越傳越有生命力。

　　打火機製造商 Zippo,其世界霸主地位,至今沒有任何一家同行能夠撼動。這歸功於其優良的產品品質、出色的防偽設計和高明的故事行銷手段。Zippo 在行銷過程中,塑造了一系列的精彩故事:

被魚吞進肚子裡的 Zippo 打火機完好無損；

越南戰場上，Zippo 打火機為士兵安東尼擋下子彈，救了他一命，並利用其火焰發出求救信號；

用 Zippo 打火機可以煮熟一鍋粥。

如此精彩的故事，讓消費者留下深刻的印象，大大增加人們對 Zippo 品牌的信任度和好感。

說故事是一種通俗又有趣的溝通方式，在今日這個資訊氾濫的時代，肩負起重要的任務。

說好故事的力量

容易被記憶	故事情節生動，比一般瑣碎的資訊更容易被記住和傳播。
激勵行為	故事能激發人的情感，從而激勵人的行為。
凝聚人心	講述故事就是在分享相同的信仰和體驗，使人們形成共同的價值觀，找到彼此之間的歸屬感。
教育	故事是一種傳播知識的途徑，很多古代的奇聞軼事，就是透過這種方式，源遠流長而使眾人得知。
增強說服力	故事本身就是例子，就是論證，就是說服力。
建立信任感	透過講述自身成功或失敗的故事，可以博得別人的認同或尊重，油然而生信任感。
聽者產生結論	對聽者來說，故事是一個間接學習的過程，他們會從故事中得出啟示或結論，無須你多言。

作為一名管理者，會說故事與做好工作同樣重要，而且有時候說故事就是管理者的工作。谷歌公司的一位高層甚至說：「好的主管都是好的老師。好的老師會說好故事。我們從敘事中學習，想要當個好主管，那就必須把故事講好、教好。這兩者無法分割。」

當然，不僅是管理者，一般員工也應該學會說故事。一個精彩的故事，會給你的口才加分；兩個精彩的故事，會給你的形象加分；三個或更多精彩的故事，會給你的事業加分。

▣ 熟悉 4 類故事，輕輕鬆鬆做管理

管理最頭痛的事情，往往是上級所傳達的經營理念、管理方式不被下屬理解，或一知半解，結果執行起來就會走樣。但如果你善於說故事，總能讓下屬一聽就明白，而且不容易忘記，那執行效果就會好很多。

海爾集團執行長張瑞敏曾說：「提出新的經營理念並不算太難，但要讓人們都認同這一新理念，那才是最困難的。我常想：《聖經》為什麼能在西方深入人心？靠的就是裡面一個個生動的故事。推廣某個理念，說故事可能是一種最適合的方式。」他的這番話，一下子就把說故事對推動工作管理的意義，完全解釋透徹。

作為管理者，有必要熟悉以下 4 類故事，從而幫助下屬有效地吸取和整合資訊、知識、價值和策略。

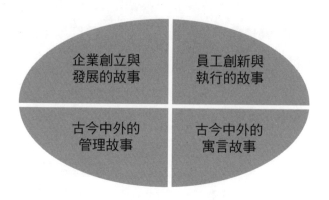

企業創立與
發展的故事

員工創新與
執行的故事

古今中外的
管理故事

古今中外的
寓言故事

1. 企業創立與發展的故事

　　管理者不能只讓員工呼口號敬業樂業，還應該讓他們對
公司產生向心力，對團隊產生歸屬感，進一步成為企業持續
發展的動力。因此，優秀的企業都有一本能夠貫徹其篳路藍
縷精神的「創業英雄事蹟」，這些事蹟不僅是百講不厭的精
彩故事，還是包括老闆在內的全體員工都應該要銘記的工作
態度。

2. 員工創新與執行的故事

　　在員工中找出模範，樹立標竿，用他們的故事鼓舞大家
的鬥志，並藉此告訴全體人員：工作是有因果關係的，只要
肯積極創新、踏實執行，就能得到公司的器重，獲得相應的
價值回報。

3. 古今中外的管理故事

如果只講企業自身的故事給員工聽，雖然貼近實際，但終歸有其局限性。因此，管理者應該蒐集、借鑑古往今來國內外各種與管理相關的故事，在言談中旁徵博引、嫻熟運用，這樣會大大提高講話的說服力。

4. 古今中外的寓言故事

寓言故事也是經過歲月焠鍊和時間洗禮的精闢小品，它比現實生活的情節更簡單、哲理更深入、敘述更生動。講述這些故事，對說服與激勵員工有十分顯著的效果。

▶ 選擇時機，在最需要的時候說故事

說故事也要看時機。例如，前文提到惜字如金，亦即 30 秒內就要講重點，這時就不能說故事；而在該說故事的時候，就不要錯失好機會。

一般來說，以下幾種情況最需要說故事：

1. 詮釋企業文化、經營理念時

企業文化、經營理念是一個很抽象的概念，不是所有管理者都能用三言兩語就可以講清楚的。高明的人會借助故事，將籠統的東西生動地講述出來。

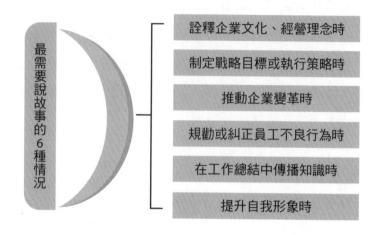

最需要說故事的6種情況

- 詮釋企業文化、經營理念時
- 制定戰略目標或執行策略時
- 推動企業變革時
- 規勸或糾正員工不良行為時
- 在工作總結中傳播知識時
- 提升自我形象時

　　甘迺迪總統當年在美國首次登月任務期間（阿波羅計畫），曾經抽空參訪太空總署。中途他去上洗手間時，在走廊上看見一位男士在拖地板，他向對方報以微笑，感謝他為環境清潔的付出。但那名男士馬上回答：「不，總統先生，我不是在拖地板，而是在幫助登月。」甘迺迪被這句話感動了，回來後就把這個故事分享給身邊的人，瞬間傳為美談。

　　在這個故事中，那位男士所傳達的意思是：作為團隊的一員，無論在什麼職位，做什麼工作，都是在為公司貢獻價值，乃一件值得引以為傲的事情。這對激發員工的企業歸屬感和職業自豪感，具有強大的效果。相比之下，如果高層只會對員工講大道理，讓他們熱愛公司、努力工作，相信結果應該不如預期，因為太陳腔濫調了。

2. 制定戰略目標或執行策略時

企業的發展離不開戰略和策略，在制定相關計畫時，少不了與同事或部屬商議，聽取對方的意見，這時就可以透過說故事來凝聚情感，激發眾人的創造性思維，使大家提出好的建議。之後在執行時，管理者還可以用精彩的故事，提升夥伴的熱情，為共同的目標一起打拚。

3. 推動企業變革時

企業總是處於不斷的改進和成長之中，任何變革都是在少數高層手中決定，多數員工總是被動服從。當組織啟動再造時，上位者想靠長篇大論的道理來動員大家參與，是很困難的。但是，如果能好好說個故事，讓員工們很快理解改變的益處，從而緩解甚至消除抵抗的心態，一道成為變革的主人。

4. 規勸或糾正員工不良行為時

當員工出現不良行為時，管理者應該站出來規勸和糾正。為了不直接指責造成他們難堪，不妨改用合適的故事柔性勸導，來提醒對方反省自己的行為，自動自發地走回正軌。這樣能給員工留情面，以避免打擊他們的士氣。

5. 在工作總結中傳播知識時

當一項工作告一段落，管理者總結其中的點點滴滴時，

若能多講故事，少講不著邊際的話語，更能形象地說明工作中的優點與不足。比如，講到一件事情做得好，順便帶出一個員工表現出色的故事，就會讓人印象深刻了。

6. 提升自我形象時

身為管理者，如果總是高高在上地自吹自擂，很容易給人一種虛假的形象。假使能深入基層說故事，則可以讓員工留下親切、實在的身影，有利於大大縮短彼此的距離。若能在故事中剖析自己、分析他人、傳達理念，那麼就很容易樹立優秀領導人的風範。

▶ 說故事的三步驟策略

在說故事時，可以採取三步驟策略。

第 1 步：明確目標，你想讓員工採取什麼行動。

第 2 步：草擬內容，你希望給員工樹立什麼願望。

第 3 步：鋪陳情節，滿足員工的情感需求，努力達成目標。

說故事的 8 大技巧

● **技巧 1. 以傑出人物的感人事蹟開頭,不必謙虛**

說故事時,以傑出人物的感人事蹟開頭最能吸引大家的注意,而且完全不必謙虛,以免動搖聽眾的信心,誤讓他們覺得從你的話中學不到什麼東西。

● **技巧 2. 真人真事,避免空洞的語言**

說故事要確有其人其事,還要有時空背景,才顯得真實可信,也方便聽眾釐清思路。

● **技巧 3. 一個故事一個主題**

一次說一個故事,故事情節不分叉,不拖泥帶水,不要讓人不知所云。

● **技巧 4. 語言精練,要少而精**

說故事不是寫小說,力求在最短的時間內表達主題,快速進入場景。當然,生動的描述是不可或缺的。

● **技巧 5. 語言通俗易懂,甚至帶點幽默搞笑**

故事是說給人聽的,通俗易懂才能老少咸宜。必要的時候,加點口語化的幽默,配合語調、語氣的變化,再適時穿插些肢體動作,能讓故事變得妙趣橫生,讓人在捧腹之餘大大受益。

● 技巧 6. 多用描述性的語言

有些人説話喜歡「因為……所以……」，這就是解釋性語言，反而不如描述性語言好。像是在形容天氣時，與其説「因為那天很熱，所以我穿得很少」，不如説「那天太熱了，我只穿件背心。」這就很形象具體。記住，解釋性的語言是在講道理，描述性的語言才是説故事。

● 技巧 7. 讓故事有懸念、有戲劇性的效果

説故事如果總是從頭開始講，自原因講到結果，難免會讓人覺得平淡如水。如果能像寫文章一樣，來點倒敘或插敘手法，故事就會高潮迭起、懸念叢生，增強其趣味性。

● 技巧 8. 學會表現情感

講故事時，要讓人覺得你就是故事中的主人，例如講到某個人生氣時，你要讓大家覺得這個人真的生氣了。講的時候搭配音調和手勢及表情，充分融入到故事中，甚至得輪流扮演其中的角色，才能把故事説得活靈活現，感染每一個聽眾。

05 想做的事，
立刻去做

想做的事，立刻去做！

——微軟公司創辦人比爾・蓋茲

「傾聽可以讓你變得更謙卑，更有直覺，也更聰明。」谷歌產品高級副總裁喬納森・羅森伯格說，「說話做不到以上任何一點，它只能讓你沉迷在自己的幻想裡無法自拔。太多人花了大把時間，在敘述他們如何看待事物，而這時本可去聽聽真正行家的觀點。如果你必須開口說話，那麼就問問題。人們能從你的問題裡（而不是答案裡）學到更多，它可以誘發他人思考，並和你共同探討結果。」

有個年輕人落魄不堪，每隔兩三天就到教堂去祈禱。他

總是跪在聖壇前，喃喃低語道：「上帝啊，請念在我這麼虔誠的份上，讓我中一次彩券吧！」如此周而復始，總是祈求同樣的願望。終於有一天，聖壇上傳出一陣莊嚴的聲音：「我一直在聆聽你的期待，但最起碼你也應該去買張彩券吧！」

當然，這不過是一個笑話，但職場中並不缺少這種可笑之輩。他們總有說不完的想法，但就是不見行動。「如果你永遠都在忙著說話，那就永遠也學不到東西。」這是谷歌管理者對員工的忠告。

人生最大的失敗，就是光說不練。

我曾和一家公司的人力資源經理，聊到公司制度的話題，他對我大談特談員工職責和管理制度的種種缺失，並且信誓旦旦地說，要為公司建立一套完整的規範。時隔一年之後，我們又相遇了，我問他：「你為公司建立的新制度，已經發揮作用了嗎？」

沒想到他嘆了口氣說：「別提了，每天都在忙徵人和處理勞資糾紛的事情，根本沒有時間去考慮管理制度化的問題。」對於他的回答，我只是淡淡一笑，心想：一年的時間，就只在忙上述兩件事嗎？

只要你想做一件事，總能找到做的時間，如果你不想做，即使有一年時間，也做不好，因為你會找出各種不同的藉口逃避。這就是人性，也是優秀者與平庸者在行動力上的差別。

在職場中，於工作上，行動力就是執行力。要想提高執行力，光靠嘴巴說是沒有任何作用的，一定要言出必行。

用「做」代替「說」，儘量多做少說

我在擔任一家公司的中階主管時，曾經歷過這樣一件事：

某天，我遇到一件很緊急的工作，恰好手上又有事要立即處理，於是，我拜託同事萬先生（另一部門的主管）幫我搞定，並答應事成之後請他喝兩杯。「你放心，你的事就是我的事，交給我，絕不會有問題的。」萬先生說話很乾脆，且胸有成竹、信誓旦旦。接著，我提醒他這件事要注意些什麼，且在三天之內必須完成。

第一天，我問他：「老萬，拜託你的事開始做了嗎？」他說：「馬上就動手，交給我辦的事你還不放心嗎？」這一回答，反倒讓我覺得不好意思。

第二天下班之前，我依然沒有收到萬先生的任何回覆，便猜想他可能忘了，但又不方便再問，只好等等看。

第三天上午，我找到萬先生：「老萬，事情做得怎麼樣？今天就要結果的！」

他笑著說：「不好意思，我忘記了，不過我已經在思考怎麼做這件事，我這就辦！你放心，我答應你的事一定會完成的。」他的話聽起來很舒服，但我已失去信任感，當天下午，我抽出時間，把託給他的事情一次搞定。

到了快下班的時候，萬先生也沒有給我一個結果。但我決定試探他一下，看他到底要怎麼答覆我。於是，我找到他：「老萬，事情做好了嗎？馬上就要下班了，再交不出來就……」

我還沒說完，他就笑著說：「不好意思，這幾天太忙了，實在抽不出時間，要不我晚上加班幫你完成！」

我也嘿嘿一笑：「不必了，我已經做完交給主管了。」語畢，我轉身離開，也不去猜想他聽到我的話是什麼表情，但肯定毫無愧疚，依然滿不在乎。因為像他那樣的人，習慣了多說少做，甚至是只說不做。

如果你是萬先生，答應了別人一件事，不管對方是誰，假使最後沒有兌現承諾，對方會對你有好感嗎？下次會考慮再給你機會嗎？不會，絕對不會。因為說話不算數的人不值得信任，無法重託。由此可見，少說多做，不只是涉及溝通和執行的問題，還關係人品。我們每個人都要記住：

1. 說得再動聽，不如把事情做到位。

2. 答應別人的事情，一定得說到做到，如果失信於人，會大損形象，影響未來前途。

■ 有了好想法，快速行動

對別人要多做少說，對自己也是一樣。當有了好的想法時，要謀定而後動，即經過規畫和準備後，需馬上採取行動。就像比爾‧蓋茲說的那樣：「想做的事，立刻去做！」

克拉克是比爾‧蓋茲的同班同學，當初他也很優秀，也預測到個人電腦的發展前景。但是當比爾‧蓋茲邀他一起休學開

發電腦軟體時，他認為自己的知識有限，還應該繼續學習。等到他取得碩士學位時，比爾‧蓋茲創辦的微軟公司已經站穩了腳跟；再待他拿到博士學位，感覺有足夠的實力開發電腦軟體時，比爾‧蓋茲已經靠 Windows 作業系統成為世界首富。

比爾‧蓋茲是一個認定一件事後，就會快速行動的人，而克拉克則擅長謀劃、準備，因此他當初慢了一步，結果就是慢了一大步。如今是一個「快魚吃慢魚」的時代，如果你總是慢吞吞、等一下，只有想法、說法，不見行動，或行動太慢，那就註定失去機會。

那麼，在有了「好的想法」到「行動」之間，該如何評估？

1. 小心你有「謀劃麻痺症」

我們不能否認克拉克的事前準備工作，但凡事都有一個限度，謀劃、準備固然能提高做事的成功率，但也會延緩行動力。適度就可，切勿過度，以防不知不覺沾染上「謀劃麻痺症」「準備麻痺症」。

這兩種麻痺症是什麼意思？它是指一個人過於追求做事的成功率，而把太多的時間和精力，放在事前的謀劃和準備上，結果造成無意識的拖延和猶豫不決。

不知你是否有這種經歷：當你過於追求謀劃周全和準備充分時，就會成為拖延行動的擋箭牌。無數個日子過去了，你仍在分析，慢慢準備，繼續謀劃，行動上毫無進展，這就是典型的「謀劃麻痺症」「準備麻痺症」。如果不清除這種

病毒思想，你很可能永遠都在「準備」中錯失機會。

2. 有六成把握就馬上行動

如何消除這種病毒思想呢？我推薦一個辦法，即凡事有了六成把握就開始行動，不要想太多的結果，試著先邁出第一步再說。

要知道，萬事萬物都在變化，精心謀劃的不一定就是實際會遇到的，何不在確定大方向和行動策略之後，就積極去執行，如果在過程中碰上什麼問題，再想辦法解決。

3. 別把事情想得太難，無須自己嚇自己

很多事情可能沒有想像中那麼複雜，當你採取行動後，才發現成功原來只有一步之遙。就像大家耳熟能詳的故事：有兩個和尚都想去南海，但路途遙遠，交通不便，且兩人身上都沒有錢。甲和尚沒想那麼多，背起簡單的行囊就出發了。

一年後，甲和尚回到出發地，乙和尚還未行動。當甲問乙為什麼還不去時，乙說：「我一直在為籌措盤纏做準備，不然半路會餓死的。」甲和尚笑著說：「我出發的時候身無分文，現在不也活著回來嗎？」

追求夢想，不需要過多的籌劃，對待日常具體的工作，也沒必要過度準備，有六成把握就行動吧。某些事情甚至不需要有六成把握，也可以嘗試著行動，因為它沒有你想的那麼難。

不要花太多時間爭辯，行動是最好的證明

有時候你想做一件事，身邊的人認為不可行，屢屢好言相勸。對於這樣的提醒，你應該認真以對，但不意味著全盤接受，如果你覺得別人的勸告沒有道理，那就不需要爭辯和解釋什麼，行動才是最好的證明。

1955 年，麥當勞只是美國一家販售漢堡的小餐廳。30年後，它在美國 50 個州有多達萬家的分店，年營業額上看百億美元，被稱為「麥當勞帝國」。它的成功，得益於其創辦人雷‧克洛克（Ray Kroc）的「不爭辯、不解釋，只行動」之行事風格。

1954 年的某一天，克洛克在加州一個叫聖貝納迪諾（San Bernardino）的地方，看見很多人在一間簡陋的餐館前排隊。他走近才發現人人手上都是滿袋的漢堡，原來那個簡陋的餐館是一家速食店，主要是賣漢堡和炸薯條，生意非常興隆。

當時克洛克已經 52 歲了，還沒有自己的事業。他意識到速食在未來很有前景，決定向那家餐廳的老闆麥當勞兄弟買下經營權。他的想法遭到家人和朋友的一致反對，人們都說他瘋了，不該去冒險。克洛克沒有爭辯和解釋，他毫不退縮地立即採取行動。在投資籌建了第一家麥當勞速食店後，他的事業版圖如火如荼地發展起來。最終，他成為與石油大王洛克菲勒、汽車大王福特、鋼鐵大王卡內基相提並論的成功人物。

不要寄望你的想法、決定能被所有人支持，如果大家一致無異議贊成你的某個提案，那個提案也許不是好的決定。我的意思是，有人反對是很正常的，當你遭到質疑時，不要把時間用在解釋和爭辯上，而應停止說話，立馬行動，用執行力去證明一切。如果行動證明你是對的，那可喜可賀；如果是錯的也不要緊，至少你嘗試過，不會空留遺憾。

要有強烈的時間觀念，不要消極拖延

美國獨立戰爭期間，曲侖登的司令雷爾請人送信通知凱撒：華盛頓已經率領軍隊渡過德拉瓦河。凱撒當時正和朋友玩牌，收到信後直接放進口袋，想等牌局結束後再拆開來看。此時華盛頓已迅速趕到，將凱撒的軍隊全數殲滅。

因為拖延，凱撒失去了一切，包括個人的榮譽、生命。這個故事告訴我們，機會出現時，要立即行動，容不得任何遲疑。哪怕只有一分一秒的拖延，都可能讓你吞下失敗的苦果。所以，請謹記：

1. 要有時間觀念，三十秒、一分鐘也彌足珍貴，不要無故地浪費。

2. 要懂得分辨什麼事情重要，何者緊急。軍情肯定比娛樂更加十萬火急，但凱撒卻渾然不知。

3. 不要認為時間多的是，而要認知：有些事情就得馬上做，等到明天性質就變了，也沒意義了。

06 說出答案，
不要問多餘的問題

有時候，你需要傾聽；但某些時候，你需要直言不諱。如果在一團疑問中，你早已知道答案，那麼就大聲說出來！其他任何言語都會浪費別人的時間。說出答案，不要問多餘的問題，但請用數據說話。「我認為」無法贏得爭論，你要說的是「讓我證明給你看」。

——谷歌產品高級副總裁喬納森·羅森伯格

　　無論是在生活中，還是在職場上，很少有人願意做到任何時候都開誠布公。這並不是說大多數人不夠光明正大，只是在某些情況下，我們不願意暴露自己的真實想法和感受，以避免破壞和諧的氛圍。但對史蒂夫·賈伯斯來說，這些都與他無關。

🔖 直接代表簡單，迂迴就是複雜

　　曾擔任 NeXT 和蘋果公司創意總監的肯恩·西格爾（Ken Segall），與賈伯斯有長達 17 年的共事經驗。他說，賈伯斯

有個獨特的溝通風格,即直接、直率,他會直接告訴別人自己的想法,完全不顧及對方的感受。無論你是敵是友,真理就是真理,他的觀點就是他的觀點,和他是否喜歡你、是否重視你,以及氣氛是否和諧毫無關係。

西格爾說,在賈伯斯的觀念裡,直接代表簡單,迂迴就是複雜。哪種溝通方式更高效,顯而易見。回顧自己在英特爾和戴爾公司的經歷,西格爾發現坦誠而「殘酷」的溝通並不多見,取而代之的是零星的真理和加以粉飾的措辭,大家似乎都在小心翼翼地說話,生怕尖銳又直接的實話戳到別人的痛點。

西格爾舉例說,執行長認為你的工作存在致命的缺陷,原本這個問題很好解決。但是當消息從最高層傳到你的耳朵裡時,你聽到的很可能是摻雜別人修飾過的言辭,而非真實的回饋。這樣一來,你就無法了解全部的真相,而你的團隊所研發的項目,雖然幾經修改,還是不符合客戶的需要。這無形中增加了工作的難度,降低了做事的效率,也造成更多的資源浪費。

再看看任職於蘋果公司時,你能確切地知道自己的立場和目標,了解要用多快的速度去執行任務。同時,也明白搞砸事情會有什麼後果。因此,你完全清楚該怎麼做,該把工作做到什麼標準,且只需按照自己的節奏去努力,然後交出一個令人滿意的結果就可以。

賈伯斯要求大家「說實話,別繞路」,因為他對講話愛拐彎抹角的人沒有耐心,一旦他發現你有這種毛病,就會直

接打斷你，畢竟工作時間寶貴，不是用來浪費的。也許這種做法會讓人覺得不舒服，但只要大家都清楚自己的立場，事情一樣能做好。這樣，才能把更多的時間和精力用在達成目標上，而不是費神地解讀別人話中的意思，或絞盡腦汁地思考該說什麼話。

谷歌產品高級副總裁喬納森·羅森伯格，也有類似的溝通風格，他在分享自己多年的職場經驗時說：「有時候，你需要傾聽；但某些時候，你需要直言不諱。如果在一團疑問中，你早已知道答案，那麼就大聲說出來！其他任何言語都會浪費別人的時間。」

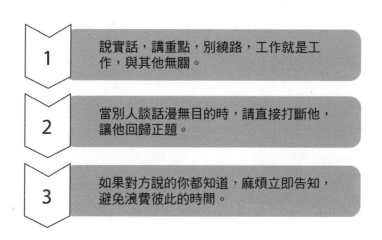

1　說實話，講重點，別繞路，工作就是工作，與其他無關。

2　當別人談話漫無目的時，請直接打斷他，讓他回歸正題。

3　如果對方說的你都知道，麻煩立即告知，避免浪費彼此的時間。

■ 「我認為」無法贏得爭論，數據才有說服力

直接溝通，不繞彎路，少說廢話，這是高效工作者的經

驗和智慧。在表達觀點時，很多人喜歡用「我認為」「我覺得」這樣的詞語來開頭，此乃一種主觀性的措辭。喬納森‧羅森伯格建議，<u>「我認為」無法贏得爭論，而要說「讓我證明給你看」。用數據說話，勝過各種強詞奪理。</u>

當在說明一種情況，或論證某個觀點時，如果用的是模糊性的語言，而沒有具體確鑿的數據，別人是很難認同的。反之，掌握的數據越多，說的話就越有可信度。

數據是衡量一個人、一個部門乃至一家公司效率的最有利資料。例如，企業當月、當季、當年的營收情形，以及費用和開支的財務報表，更能讓大家清楚其業績水準和經營效益。因此，要嘛用數據說話，要嘛就安靜閉嘴。

▶ 用數據說話的 4 個技巧

2008 年，蘋果公司在 Macworld（一本專門關注蘋果產品的雜誌）大會上慶祝 iPhone 誕生 200 天，賈伯斯用數據做了一次很經典的演講：

「很高興向大家報告，我們迄今已經售出了 400 萬支 iPhone。」理論上來講，這個數據已經很具體了，但賈伯斯繼續細化，「如果用 400 萬除以 200 天，平均每天售出 2 萬支 iPhone。」

接著，他又說：「在這段很短的時間裡，iPhone 已經占據了近 20％的手機市場。」別高興太早，讓我們繼續看下去。

其間賈伯斯點擊 PPT，螢幕上出現了當前幾大品牌手機的市場占有率：

第一名是黑莓，占比 39％。

第二名是 iPhone，占比 19.5％。

然後賈伯斯把 iPhone 的市場占有率，與其他幾家品牌的手機相比，得出一個結論：iPhone 的市場占比，是除了黑莓之外其他三家品牌的總和。

在這次演講中，賈伯斯沒有志向遠大的高談闊論，僅僅從 iPhone 的銷量談起，用簡單的算法和數據結構，對其市場占有率進行了介紹。既凸顯了 iPhone 的一席之地，又提醒了大家：黑莓比我們更強，我們要繼續努力。

有沒有發現，賈伯斯非常嫻熟地運用了數據說話，仔細分析一下，包含以下幾點值得我們學習：

數據明確具體	無論是 400 萬還是 20％，都是很明確的資料
使用目的清晰	所有的數據都是為了佐證 iPhone 的市場占有率
數據不斷細化	400 萬支，細分到 200 天，一天 2 萬支銷量，很有震撼力
使用對比數據	20％的市場占有率，到底是什麼概念，透過與同行對比，立即一目了然

如果能掌握以上四點數據運用技巧，那麼你的資料就非常有說服力。

　　當然，有一點必須注意，即數據一定要真實，虛假的資料分析看似有模有樣，也許能欺騙人一時，但真相遲早會為人所悉。如何才能獲得真實的數據？除了借助權威機構的調查之外，還可以親自參與，第一手掌握最新的資料。

本章重點總覽

- 直奔主題，廢話少說，同樣的話，說一遍是交代，說兩遍是強調，說三遍就多餘了。

- 「即使真相並不令人愉快，也一定要做到誠實。」誠實意味著開誠布公，意味著有話直說，意味著分享所有，而不是隱瞞部分資訊，尤其是關鍵重點。

- 真正優秀的領導者和高效能人士，在溝通時往往會惜字如金，他們一針見血，直指問題的核心，絕不在枝微末節上拖泥帶水。

- 好的主管都是好的老師。好的老師會說好故事。我們從敘事中學習，想要當個好主管，那就必須把故事講好、教好。這兩者無法分割。

- 只要你想做一件事，總能找到做的時間，如果你不想做，即使有一年時間，也做不好，因為你會找出各種不同的藉口逃避。這就是人性，也是優秀者與平庸者在行動力上的差別。

- 說實話，講重點，別繞路，工作就是工作，與其他無關。

價

值

02

VALUE

07 打破層級，才能高效運轉

20 世紀 80 年代，我們去除一層又一層的管理階級，推倒一面又一面瓜分財富的圍牆，僅僅是裁減公司的管理高層，就節省了 4000 萬美元，但那只是在消滅抑制因素和阻礙之後所釋放能量的一種獎勵而已。

——奇異前 CEO 傑克·威爾許（Jack Welch）

　　當你使用 iPod（蘋果公司設計的可攜式多媒體播放器）時，無法了解蘋果公司的組織結構；當你看到 Kindle（亞馬遜設計的電子書閱讀器）時，也讀不懂亞馬遜的內部構造。

　　谷歌前 CEO 艾瑞克·史密特（Eric Schmidt），還在昇陽電腦公司（Sun Microsystems）工作時，某天從一個盒子裡取出伺服器來，一打開就看到 8 個帶著 "Read me first"（優先閱讀）標籤的文件。很顯然，有 8 個不同部門的人都認為他們的觀點最重要。然而處在最基層可憐的產品經理，只能把它們都放進來，「對終端使用者而言，這可不是什麼明智

的決定。」一個優秀的領導者，會懂得甄選最好的意見。

　　伴隨企業組織的快速發展，其內部的權責分配會走向明確化，部門分工也會精細化，跨部門、跨層級的交流當然越來越頻繁。然而，由於部門和層級太多造成的溝通不及時、資訊傳遞不對稱，導致對外界的反應遲緩，會嚴重影響組織運作的效率。

　　而企業發展絕對不能局限於層級，要想提高運作效率，最好的辦法，就是將那些不能為公司創造直接效益的層級砍掉，打造出一個精簡靈活、反應迅速的團隊。

　　被譽為「世紀最佳經理人」的傑克‧威爾許進入奇異（GE）公司時，GE 的體質並不差：總資產 250 億美元，年利潤15 億美元，員工40 萬名，財務狀況為3A 級的最高標準。然而，洞若觀火的傑克‧威爾許卻發現公司有諸多問題。

　　像是很多業務部門並不具備優勢，競爭力不強；機構臃腫，層級複雜，靈活度不佳，尤其僵化的官僚氣息更令他頭痛。在這種體制下，管理者的基本任務是監督下屬的表現，這種「命令―控制」的管理模式，嚴重阻礙了企業的發展速度。

　　奇異的高層之間，僅僅是製作、傳遞公文，就使執行長與主管和普通員工之間的溝通延遲許久，其組織變得如此龐大，以至於平均每兩個員工之中，就有一個是管理者。雖然

這種說法有些誇張，但從某種程度上，反映了此企業的膨脹狀態令人無法苟同。

奇異的內部到底疊床架屋到何種地步？我們用一連串的資料就能感受到：

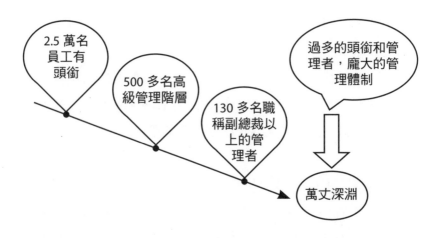

傑克‧威爾許認為，僵化的體制，使奇異員工沉迷於以往的成就，做事循規蹈矩，缺乏創新意識，察覺不到危機。

他認為，這與他想像中「迅速而靈活，能夠在風口浪尖上快速轉向的公司」相距甚遠。因此，決定進行一場制度變革。

十年之後，威爾許的努力見到成效，從董事長到工作現場管理者之間的管理層級，由原來的 9 個，減少到 4 ～ 6 個。他裁減許多高階管理者，使每個企業只保留 10 個副總裁。而其他類似規模的公司，通常有 50 個副總裁。這樣一來，他就可以直接和其他企業的領導者溝通了。

「當你透過層層體制開始採取行動的時候，糧倉已經告竭了，不幸的是，你正置身於這樣的處境之中。」威爾許說，「現在我們不再有那些無稽之談了。如果德里那兒想要什麼的話，他們會直接傳真給我。溝通變得更容易了。」

在威爾許看來，企業的管理（層級）越少越好，因為管得越少，就證明員工們自主決定的能力越強，當所有人都在為自己的決定和行為負責時，企業將獲得最大化的發展效應。這就是傑克‧威爾許所宣導的「無邊界管理」之精髓所在。

為何要實施「無邊界管理」

在傳統管理模式下，企業按照需要，把員工和業務流程進行劃分，使各個單位各負其責、各盡其職。這種管理模式往往隨著組織規模龐大、層級增多、職權過於集中而變得效率低下、反應遲緩，阻礙和抑制員工的創新及主動性。

相比之下，無邊界管理不再是單純地依據職權劃分來管理企業，而是實現扁平化管理模式，減少縱向的層級，讓整個企業在一個平面上實現互通有無的交流，使資訊、資源、構想、能量能夠快速傳遞，真正融為一體。

任何一家大型企業，想要實施「無邊界管理」，都是有現實原因的。不外乎以下 5 個：

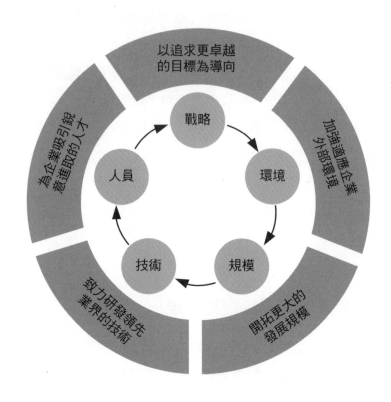

實施無邊界管理的 3 個條件

無邊界管理模式,不是沒有任何的邊界,它仍然需要基本的層級組織。只不過將其減到最少,使整個組織成為一個靈活的系統。想要實施無邊界管理,需要具備以下 3 個條件:

(條件 1) **嚴密的扁平化層級管理體系**

任何高效的組織,都不能缺少一個嚴密的層級管理體

系，否則，就不可能正常運行。在此基礎上，企業的層級管理體系應該先扁平化，才得以實施無邊界管理。如果不這樣做，企業很容易陷入混亂無序的狀態。

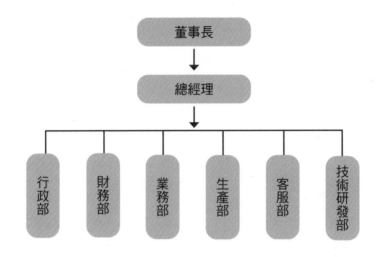

條件 2　合情合理的激勵制度

　　管理的本質是領導與激勵人心，進而影響員工的行為，使大家為企業做出更大的貢獻。只有具備合情合理的激勵制度，才能真正激發眾人的積極性、創造性。在無邊界管理中，此制度也要推陳出新，不僅要獎勵為公司拚出業績的優秀人才，還要推崇識別人才、正確用人的管理者，和那些提出好建議的人。

　　個人和團隊都可納入獎賞的範圍，讓大家一起去分享榮譽、彼此鼓勵，這才是鼓舞士氣、引爆熱情最好的方法。

條件 3 獨特的企業文化和價值觀

　　任何一家優秀的企業，都擁有令人稱羨的企業文化，因為它會影響和激勵身處其中的員工，並與公司制度融為一體。以奇異（GE）為例，它也是在長期的發展過程中，形成了獨特的文化和價值觀，像是維持一貫的認真做事態度，堅持追求卓越，絕不容許官僚主義作祟等等。正是在這樣的努力之下，奇異才能整合為一個運作順暢且業績突出的堅強團隊。

■ 告別層級障礙，實現無邊界溝通

　　管理就是溝通，溝通，再溝通，要想實現無邊界管理，就必須重視溝通。

1. 結合多種溝通方式，直接面對第一線員工

　　在很多大企業裡，最高層管理者無法直接獲得來自第一線員工的心聲，包括工作的完成情況、遇到的難題，甚至是不平等的待遇。因此，有必要創建跨層級、跨部門的對話，擴大彼此的接觸點，以聽取第一線員工的真實想法，解決他們的實際難題。

　　在與第一線員工溝通方面，管理者可以結合多種溝通方式，如電話、郵件、通訊軟體等，鼓勵他們在公司論壇、群組中提出問題、發表意見、給予建議，管理者要對這些訊息

做好鑑別和審查，採納合理的建言，並對提供者予以讚揚和
獎勵。

2. 整合相關數據，跨層級溝通更充分

很多企業在溝通中缺乏相關數據的支持，致使它在魚目混珠的資訊中，無法快速找到核心問題，導致管理者不能進行精準的問題分析。不僅如此，團隊間的溝通也離不開數據。因此，整合所有該準備的數據和資料，對接實際問題，才是跨層級溝通的務實目標，而不是象徵性的讀幾頁 A4 紙敷衍了事。

3. 用流程串聯各層級，確保溝通不失真

在跨部門的協作中，一旦執行出了問題，組織內部就容易發生推諉、逃避、閃躲的現象，溝通內容在這個過程中被逐漸模糊傳遞，導致訊息慢慢失真。要想解決這個問題，最好的辦法是設置合理的業務流程，讓工作事務按照既有的順序，在團隊內高效、透明地流轉，這樣不僅能減少時間浪費，還能避免資訊不確實。

4. 溝通場景多樣化、人性化

溝通的場景有很多，但大多數管理者習慣在公司的會議室和辦公室，這樣就很容易限制溝通效率。舉個例子，下屬有件公文需要你親自審閱批准，偏偏這幾天你剛好去外地出差。在這種情況下，辦公場所的溝通就失效了。

如果你能透過各種工具，例如傳真、郵件、通訊軟體等，讓下屬把需要審批的檔案發過來，即使在外地，你也能抽出幾分鐘時間來看完後回覆。這樣，下屬就可以馬上展開下一步的工作，根本不需要白白浪費時間等你回來，工作效率就能大大提高了。

思考練習

當前工作或以往的公司，是否有只認層級的現象？如果有，你認為哪些層級是可以裁撤或簡化的？

請將簡化後的層級列出來，再對比原來的，並連結實際工作的辦事效率，想一想：層級簡化之後，會不會大幅度提高辦事效率？

08 不要簡單地 接受大 Boss 的意見

當有疑問或者遇到難題時，不要輕易接受老闆的意見。頭銜並不能說明問題。如果某人的經驗之談有價值，他就需要拿出具說服力的證據來。

——谷歌產品高級副總裁喬納森‧羅森伯格

「憑藉有說服力的論點，不論職位高低，每個人都有同等的話語權。」作為 Netscape（網景通訊公司）的創辦人，吉姆‧巴克斯戴爾（Jim Barksdale）曾說過，「如果有數據，那我們一起參考數據。如果只有觀點，那就聽我的好了。」

蘋果公司的靈魂人物賈伯斯，有天才的能力和超凡的魅力，同時也有火爆的脾氣。當下屬表現得好時，他會馬上稱讚對方是天才；當下屬沒有達到他的要求時，他會毫不留情地批評對方是白癡。這使得不少員工在一天之中，會受到他兩種極端的評價。

由於賈伯斯有超級出色的直覺判斷，加上他對工作的標準和產品的設計近乎苛求，所以很多時候，大部分的員工都非常怕他，但也有人會公然反抗。

有一次，賈伯斯批評一位下屬設計的作品是「狗屎」，下屬立即大聲反駁說：「我的作品不是狗屎，是你沒有理解我的設計和意圖。」一旁的員工嚇壞了，覺得這下麻煩大了，賈伯斯肯定會咆哮起來。

但出人意料的是，賈伯斯不但沒有生氣，反而很平靜地思考下屬的創意。幾分鐘後，他發出肯定之聲，稱讚他是天才。

後來，員工們發現，賈伯斯喜歡的是那些敢於反抗，表達出自己想法的人。稱讚員工是「天才」或批評員工是「白癡」，是他忍受不了平庸時的一種表達方式，而非他對一個人的定性，更不是對下屬人格的侮辱。慢慢地，團隊裡出現了幾個敢和他唱反調的人，其中有幾位甚至能「hold」住他，如此不僅得到賈伯斯的器重，還與他結下深厚的友誼。

對於強勢、要求嚴格的老闆，很多人都會不自覺地產生一種誤解：認為他們剛愎自用，自以為是，不會聽下屬的建議。但就我多年的管理經驗和培訓經歷來看，至少我接觸過的這類老闆不是這樣的人。

事實上，老闆並非不能接受下屬的提案，而是忍受不了他們的唯命是從、膽小怯懦、隨波逐流。所以，很多時候他

們的語氣裡，表現出來的是暴躁和不耐煩。

職場中真正忠誠的員工不是應聲蟲，也非馬屁精，而是一個有獨立想法的人，那麼，怎樣才能做到不唯唯諾諾，敢向老闆或上司提出不同意見的建言者呢？

▌把工作當成事業經營，將公司利益放在最前面

老闆聘請你，是希望你為公司創造最大的利益，這才是體現個人價值最好的方式。你需要改變心態——**不要認為自己是上班族，而要把公司當成自己的事業。**

把老闆當成合夥人，將公司利益放在最前面，凡事從公司的角度出發，去思考對策。當你的思想達到了這個境界，就不會為了取悅老闆而執行錯誤的指令，也不會害怕因為「唱反調」而得罪老闆。

▌冷靜思考老闆的指令，深入地權衡利弊

有些老闆比較威嚴，整天板著臉；有些老闆比較暴躁，動不動就發脾氣；有些老闆平易近人，總是面帶微笑。無論你面對的是哪一種，當他分配任務、傳達指令給你時，你都應該堅持一個原則，即：冷靜思考，權衡利弊，而不是不假思索地接受任務，草率執行。

老闆的某些指令，憑直覺就能覺察對錯，是否可以執行，但有些卻不容易判斷，這就需要在接受任務時進行思考，分析得失。如果你認為老闆是正確的，那就要毫不猶豫地去執行，而且要做到位。假使這項指令對公司長遠發展不利，不應該做，你就應該提出不同意見。

每一位老闆都希望員工忠誠，有向心力，聽自己的指揮；而作為下屬，也應該對老闆忠心擁護，但卻不能愚忠。得要有自己的想法和判斷，需學會辨別是非對錯，這樣才能在老闆迷糊大意時點醒他、即將犯錯時拉回他，盡一個認真負責員工的本分。

■ 提出反對意見，不一定要用逆耳之言

老闆也是人，也會做錯事，當你發現他的錯誤想法和決策時，應該毫不猶豫地提出反對意見，但是要注意說話方式，不一定要逆耳。在這裡，我想說的是：

如果你能碰到像我當年那樣的老闆，碰到像賈伯斯那樣的上司，那你是幸運的，因為他們不會覺得你的反對意見過於直接，而對你有所怨恨；他們知道你是對事不對人。他們明白直言不諱有利於提高溝通效率，拐彎抹角、委婉迂迴才是阻礙溝通的主因。

然而，並非每個管理者都像賈伯斯那般想問題，人畢竟都有自尊心，尤其是老闆和高層，當你的「異見」過於直接

時，難免會讓他們感覺自尊受到打擊，權威受到挑戰，繼而表現出過激情緒，甚至對你產生記恨心理，背地裡給你「穿小鞋」，甚或找一些藉口，將你辭退。

因此，本著既要維護公司利益，又要小心個人前途的情形下，我建議在提出反對意見時，一定要注意方法和技巧。

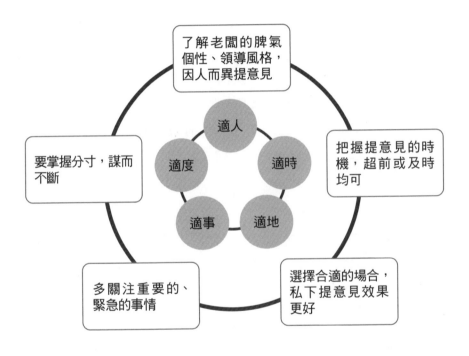

● **適人**──不同的老闆有不同的脾氣個性、領導風格。碰到性情溫和、開明大度的老闆，可以開誠布公、當面直言；遇上自視甚高、剛愎自用、獨斷專行的老闆，則要委婉以對，

或旁敲側擊，或暗示提醒，切忌直接面陳。

● 適時——有意見要超前或及時提出均可，切勿「馬後炮」。在商業領域，機會轉瞬即逝，作為下屬，有責任輔助老闆和主管立即做決斷。當發現商機或問題時，應馬上反映，爭取時效；若老闆的想法和決策走偏時，要儘快提出不同意見，供其參考。不要等到機會已經失去、問題已經爆發、錯誤已經釀成，再來「自吹自擂」，說什麼「早就料到」，一切於事無補。

● 適地——於情於理，不應該在公眾場合和老闆唱反調。聰明的做法是，在私底下和他溝通想法，以維護老闆的顏面和自尊，以及領導形象。這樣的話，老闆會更有耐心地聽你的意見。

● 適事——提意見也要看什麼事情，建議多關注重要的、緊急的事情，以及需要及時糾正、補救的決策，對於雞毛蒜皮的小事，就沒必要糾纏不休了。

● 適度——提意見也要有節制，在老闆不採納的時候，切勿碎碎念、沒完沒了地反覆遊說。保持一點耐心，也許他正在忙，沒時間和心情聽你表達意見，以至於一時未能領會你的意思。或因其思考問題的角度不同，想法不一樣，暫時保留你的建議。給老闆一點時間去咀嚼消化吸收，待他空閒

時，再心平氣和地重提。實在不行，可以改用寫信的方式，這樣會顯得更有誠意，更能打動老闆去認真思考你的意見。

最後，我想提醒大家一句：決策權屬於老闆或高層，作為下屬，有再好的意見和建議，也只能謀而不斷。當你的意見被採納時，不要得意忘形；當你的建議被忽略時，也不要沮喪失意。保持平常心，多反思自己：是不是表達方式有問題，是不是想法太片面局限，多想想哪裡不足，多向他人學習，這樣才會不斷進步。

思考練習

請回憶一件令你印象深刻，反對主管意見的事。

1. 反對的效果如何？主管有沒有改變主意，認同你的觀點？還是堅持己見？
2. 接下來你做了什麼決定？是遵從主管的意思，還是我行我素，按照自己的想法行事？
3. 結果怎麼樣？
4. 這件事給你什麼啟示？

09 確實落實
預計的戰略目標

沒有戰略的組織就好像沒有舵的船，
只會在原地打轉。

——美國企業家喬爾‧羅斯（Joel Ross）

經常聽企業家或管理學者說，什麼都可以出錯，戰略不能出錯；什麼都可以失敗，戰略不能失敗。意即出錯或失敗代表滿盤皆輸，永遠無法翻身。大到一個國家、一個企業，小到一個組織，都迴避不了擬定戰略、徹底執行的問題。作為一個現代化的公司，如果沒有明確的發展目標，就不可能在激烈的市場競爭中，求得長遠的坦途。

那麼，戰略到底是什麼？其實，它是關乎目標設定的藝術。企業的戰略，是指其根據環境的變化，自身的發展需要，選擇適合的經營領域和產品，達到既定的目標。對於一般企

業來說，戰略有三個層次，即整體戰略、業務單元戰略和職能戰略。

　　三個層次的戰略，各有不同的內容和地位，它們之間是包含與被包含的關係，即整體戰略由業務單元戰略組成，業務單元戰略由職能戰略組成。職能戰略一般分為 9 種：

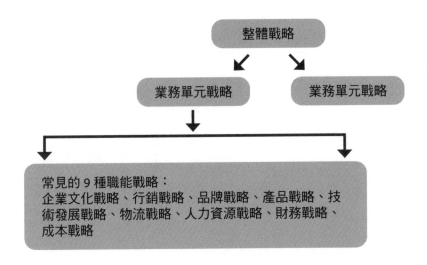

整體戰略

業務單元戰略　　業務單元戰略

常見的 9 種職能戰略：
企業文化戰略、行銷戰略、品牌戰略、產品戰略、技術發展戰略、物流戰略、人力資源戰略、財務戰略、成本戰略

　　企業有了戰略目標之後，並不意味著就能輕鬆實現，還必須在執行面努力打拚，將其落實到位，這就涉及具體的策略。

　　什麼是策略？我曾好奇這個問題，詢問過不少經驗豐富的管理界前輩。概括下來，有兩種答案出現最多：

　　第一，策略是一個點或一個方案。如在銷售策略中，透過一個點或一個方案，就能解決當下的問題，達到目標。

　　第二，策略是一個系統的過程。包括一開始對戰略問題

的思考，然後洞察問題的關鍵，再到制定具體實施方案，以及最後的執行。

這兩種說法顯然大不相同，到底哪一種才是對的？實際上，它們都對，只是出發的角度不同，因為策略分為策略思考和策略結論，合二為一，才是完整的策略定義。

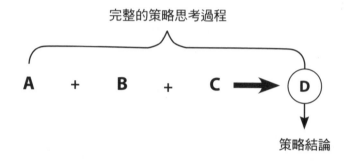

策略思考——了解當前狀態→設定合理目標→找到最佳解決方案，如前述這樣一個完整的思考分析過程；策略結論——經過思考分析之後，得出的最佳解決方案。

戰略與策略有什麼不同？我們可以透過圖表來比較：

戰略與策略的主要區別	
戰略	策略
系統思考，全面解決問題	針對性思考，就事論事
確定方向和目標	明確具體的問題
明確原則	在原則指導下的具體手段
注重多個行動的連貫和協調	主要考慮本身的可行性和完成時限

「很多人不懂得戰略和策略的區別，或者他們認為只需要其中一樣，其實不然。一個成功的戰略背後，有許多個支撐它的成功策略。有的人長於戰略，有的人懂得策略，所以我們需要團隊合作。」谷歌產品高級副總裁喬納森‧羅森伯格如此評價戰略與策略，戰略和策略應該雙管齊下，而不能忽視任何一個。

那麼，要如何讓戰略與策略並重呢？

📍 經營戰略要清晰明確

任何一家成功的企業，都需要一個清晰而明確的經營戰略，這樣才有前進的方向，大家也才知道應該做什麼，從而發揮出團隊的力量。我們來看看世界知名企業，曾經採用的經營戰略：

奇異（GE）公司——在每一項業務上，市場占有率要數一數二，成為全球最具競爭力的公司。

美國第一銀行——在銀行界所有服務項目中，成為最優秀的三家之一。

3M 公司——每股收益平均年增長率 10％ 或以上；股東權益報酬率 20％～25％；至少有 30％ 的銷售額，來自最近四年推出的新產品。

可以發現，這些企業的經營戰略都清晰而明確，有具體的資料和業務指標，而不是籠統的描述。

📑 對經營戰略進行分解

企業制定了經營戰略之後，緊接著就應該對其進行分解，將整體戰略目標分解為各年度戰略目標，再拆成當季目標、當月目標。或者將企業戰略目標分解為部門戰略目標，再將部門戰略目標分解至個人。透過層層分解，讓各個部門和各層級的員工，對企業戰略有清晰的認識，同時也明確了個人的目標，最後再將兩者緊密地結合起來，共同努力奮鬥。

📑 制定經營戰略的實施策略

在分解企業的經營戰略之後，就要開始制定具體的實施策略，其中，需要考慮如下幾個問題：

1. 明確各個行動步驟的負責人

策略實施的過程中有很多行動步驟，它們的負責人是誰？管理者必須妥善安排，讓每個負責人對自己的任務瞭若指掌，才能確保各項行動步驟按計畫實施。

2. 運用甘特圖

甘特圖是以條狀圖示的方式，透過活動清單和時間刻度，形象地列出各種專案的進行順序與持續時間。橫軸表示時間，縱軸表示活動，線條表示整個期間計畫和實際的活動

完成情況。透過甘特圖，可以直接看到計畫在什麼時候進行，以及實際進展與計畫要求的對比。管理者可以很輕鬆地弄清楚任何一項任務的進度，還有哪些工作要做，需不需要趕工。

3. 給各行動步驟提供相應的支援

在策略實施的過程中，管理部門應為相應的人員提供支援，不單單是財務或預算上，還包括組織、人力和資訊等各方面。

對策略實施計畫和效果進行評估

在策略實施計畫的過程中，管理者有必要適時進行評估，發現有偏離戰略的地方，應及時校正；若與現實不符，也要趕快修改，從而保證策略實施朝著正確的戰略目標前進。

對策略實施計畫的評估主要有幾個步驟：

第 1 步：根據戰略規畫和策略實施計畫，設定各個短期目標的關鍵績效考核指標。

第 2 步：根據設定的績效考核指標，評估重點，包括計畫完成的及時率，執行效果與預期的差異等。

第 3 步：根據評估的差異，分析差異產生的原因，制定改善措施，保障策略實施計畫落實到位。

企業要健全發展，戰略與策略應該並重。戰略保證的是企業發展的方向，策略則是保證戰略得到有效執行的關鍵，二者缺一不可。

思考練習

你是否有過片面注重戰略而忽視策略，或只看策略無視戰略的決策經歷？這樣的決策是否曾給企業帶來麻煩？如果能重來一次，你會怎麼調整，以避免戰略或策略失誤？

10 把權力下放給小團隊

一個思慮周全、全力以赴的小團隊是不可小覷的，
他們也許能改變世界。

——著名人類學家瑪格麗特·米德（Margaret Mead）

在谷歌，小團隊就如同小家庭。在開發軟體的過程中，最麻煩的事情是同一個單位成員太多。把權力下放給小團隊，他們通常能有更傑出的表現。喬納森·羅森伯格引用著名人類學家瑪格麗特·米德（Margaret Mead）的一句話：「一個思慮周全、全力以赴的小團隊是不可小覷的，他們也許能改變世界。」

360公司創辦人、董事長兼CEO的周鴻禕，曾向年輕的創業者推薦一部名為《鳴梁：怒海交鋒》的電影，他甚至包場讓公司的「八年級生」集體去觀看。電影的內容是講述明

朝時期，朝鮮大將李舜臣以 12 艘戰船，打敗日軍 300 餘艘軍艦的故事。周鴻禕認為，李舜臣以少勝多和以小博大的奇蹟，能夠帶給管理者及創業者極大的啟發。

李舜臣之所以能大獲全勝，與他所選擇的交戰地點關係重大。如果是在黃海上和日軍正面交戰，朝鮮區區 12 艘戰船絕對不堪一擊，但是當李舜臣將日軍引入一個狹窄的海域時，他所率領的小隊就充分發揮了靈活的作用。與此同時，龐大的日軍水師完全無法有任何優勢，而且行動遲緩，處處受掣肘，結果慘敗。

阿里巴巴創辦人馬雲曾在演講中提出過類似的觀點，他表示大公司最容易扼殺創新，而 40 人左右的團隊是相對合理的組織。因為大公司人多錢多，但是結構如金字塔，層級化嚴重，市場嗅覺遲鈍、反應緩慢。同時，由於部門龐雜，彼此之間容易因利益產生內鬥，互相「扯後腿」，這幾乎是眾人皆知的醜態。

馬雲一語道破大公司的通病，讓我們見識到集體行動的難題。大家都知道，團隊的規模大小，是影響集體行動的關鍵因素。

搭便車理論認為，「小即是美」。

當團隊只有少數幾個人或幾十個人時，誰要是搭便車，很容易被揪出來；可是當團隊規模增大時，搭便車就很難杜絕，「濫竽充數」乃成為常態，最終導致企業舉步維艱。

而工作小團隊恰到好處在於，每一個人都在團隊中發揮其作用，且會相互討論事情怎麼做。各個團隊之間的良性競爭，已經成為公司的一大特色。每個人身在規模不大的團隊中，都不會感到無足輕重。大家都知道自己團隊的工作目標是什麼，了解自己應該做什麼，目標很明確，工作很充實。

另外，喬納森・羅森伯格眼中的小團隊，也是有大前提的，雖不隸屬於大公司，但仍要依靠其各種資源，做相對獨立的研發工作，這樣更能提高效率和發揮創意，最終可見小蝦米力抗大鯨魚，拚出一番傲人的成績。

當你有機會組建、管理小團隊時，可以注意以下幾點：

🔖 人員優勢互補、合理搭配

在組建小團隊時，選擇什麼樣的成員來加入，是一個非常關鍵的問題。一般來說，團隊組成都是以專案為中心，當案子完成後，這個團隊就宣告解散。待下一則專案確定後，再由新的召集人挑選公司成員，組織另一個團隊。

作為管理者，在挑人組隊時，需要把握一個重要原則：不要選擇專長重疊的人員。舉個簡單的例子，A、B兩員工都擅長業務談判，那麼，就不要讓他們同時進入小組，擇一即可。

專長重疊，一方面會造成資源浪費，排擠其他專案小組

的需要；另一方面，兩個有相同優勢背景的成員在一個團隊，難免埋下較勁、彼此不服的心理，容易影響團隊工作效率。

不選專長重疊者，言外之意就是要選擇優勢互補的人員。團隊需要哪些方面的專家你最清楚，公司裡面誰能符合條件，你也應該明白。這樣組建小團隊時，才能得心應手。

至於具體人數，應該根據專案的需要來確定，但要提醒一點：可要可不要的人員，最好不要。儘量選擇有能力、有特長，又可以兼任多職的人才，這樣才能使團隊人數精簡到最少，以確保靈活機動性。

致力於具體的專案

360 公司董事長周鴻禕忠告創業者：「小公司一定不要做平台，但要尋求單點突破，做一個拿得出來的好產品。」他認為，小團隊應該在垂直領域的工作上發揮優勢，就像李舜臣選擇在狹窄的海域與日軍交戰一樣，只有在垂直領域，小團隊才能集中自己的資源做專做強。如果撒大錢處處用力，由於本身的資源和人力有限，就會隨時捉襟見肘。

受此啟發，我也忠告管理者，小團隊要做具體的專案，研發爆款產品，採取單點突破，以點打面，以快打慢。就像小米那樣，一開始就把智慧型手機作為唯一的業務，打造讓使用者尖叫的產品——不要追求大而全，而要追求少而精。

小團隊還有一個優勢，即組織扁平化，很多只有兩個層

級，一個負責人，幾位執行者。這種組織結構使它非常靈活機動，我們常戲稱「船小好調頭」。就像現在的網路浪潮，推動產品快速更迭，如一套軟體剛出來，過不了十天半個月，就要更新一個版本了。

事實上，今天不只是小團隊充分實踐了這種思維，很多大公司也開始轉型，紛紛把大艦群拆分成小船隊，讓每一家小團隊都具備獨立營運的能力，具備自我造血的功能。這種分工其實就是一種垂直整合，每個分拆出來的小團隊，都是一個握緊的拳頭，打出去很有力量。

■ 用合適的激勵制度凝聚人心

大企業對於內部的小團隊要予以高度重視，既要在資源上大力支持，幫助其解決各種困難，也要在激勵上捨得下重本，讓成員們看到自己的付出有所回報，因而對企業產生歸屬感。

1. 提供培訓計畫

要定期對小團隊進行專業化、系統化的培訓，使每一名成員都熟悉各項產品，了解工作的每個環節，明確行銷方式和行銷對象，並將其打造成一個個學習型團隊，不斷提高他們的實戰技能和專業素養。

2. 採用團隊獎勵機制

　　對於小團隊成員的獎勵，應以團體為主。除了基本的薪資之外，每當他們完成一個項目，都要給予相應的獎金。對於提前或超預期完成的項目，更要不吝提供豐厚的獎勵。這樣可以將團隊成員緊密地結合起來，使大家每次接受專案時，都能上下齊心，確保高效率完成工作。

你適合當小團隊的領導者嗎？

下面有 15 道題，請根據實際情況，選擇答案是正確還是錯誤？

1. 你喜歡單獨完成工作，不願意被安排到團隊中。
2. 團隊領袖要樂於從成員那裡聽取意見、獲取想法和資訊。
3. 必要時脫離團隊，做出比較艱難的決定是正確的選擇。
4. 從團隊整體利益出發，在恰當的時候授權，鼓勵成員創新。
5. 領導者應該盡可能保證團隊成員獲得與他們工作相關的資訊。
6. 領導一個團隊的重要任務之一是建立信任。
7. 你喜歡在自己的時間，以自己的方式做自己的事情。
8. 如果團隊有新成員加入，你會安排他與全體成員見面。
9. 好的創意來自團隊成員，而不是團隊領袖。
10. 當團隊成員在某些問題上挑戰你的權威時，你會非常惱火。
11. 你總是幫助團隊成員獲得在某個專案中做出重大貢獻的機會。
12. 你通常會向團隊成員說明，應該用什麼方法來完成一項任務。
13. 即使你時常離開一段時間，團隊的大多數工作還是能

如期完成。

14. 對你來說，在團隊中分配任務是一件困難的事情。

15. 當團隊成員就某一問題向你求助時，你會立刻投入。

【得分說明】

第 2、4、5、6、8、9、11、13 為正確；第 1、3、7、10、12、14、15 為錯誤。答對一題得 1 分，答錯沒有分數，最後統計得分。

● **總分低於 6 分**──你很可能喜歡採取獨裁的方式領導團隊，這會對你的領導地位帶來麻煩。

● **總分在 7 ～ 10 分**──你的團隊領導力一般，有時候喜歡獨裁，有時候又會和大家討論。

● **總分在 11 ～ 15 分**──你的團隊領導力很強，是值得信賴的團隊領袖。

11 鋸掉椅背，實行走動式管理

「常常露個臉，適用於每個人，更適用於領導者。家庭辦公是容易擴散的惡性腫瘤，所以，放棄它吧。」

——谷歌產品高級副總裁喬納森・羅森伯格

　　美國著名管理學家湯姆・彼得斯（Tom Peters）與羅伯特・沃特曼（Robert Waterman），在他們的鉅著《追求卓越》（In Search of Excellence）一書中提出：知名企業的高層主管，不是成天待在豪華的辦公室裡，等候部屬的報告，而是在日理萬機之餘，仍經常到各個單位或部門走動走動。這就是「走動式管理」的起源，也是很多大公司興盛發達的重要原因。

　　美國的速食業龍頭麥當勞，曾有一段時間面臨嚴重的虧損，當時它的管理階層出現了嚴重的官僚主義，把寶貴的時

間浪費在抽菸、閒聊、看報紙上。雷·克洛克（Ray Kroc）想出一個「奇招」，要求所有經理將椅子的靠背鋸掉，他們只得照辦。

一開始，很多人罵克洛克是個瘋子，但不久後，大家就明白他的苦心，紛紛走出辦公室，到第一線員工旁「露臉」。經理們親臨現場，一方面會給基層員工帶來監督的壓力，促使他們做好本分工作；另一方面是協助員工解決問題，讓他們產生一種受重視的感覺，從而激發工作熱情。這正是克洛克的高明之處，最終使麥當勞轉虧為盈。

著名管理學大師巴斯卡（Richard Pascale）曾表示，走動式管理是一種有助於主管、員工和顧客三方溝通的管理模式，它要求管理者不再局限於辦公室中，而是深入第一線，與員工面對面溝通，了解工作進度和實際困難，接受員工和顧客的意見和建議，激發團隊的士氣。

「商務中心」（Business Center）是美國奇異公司旗下CNBC 電視頻道推出的一檔節目，播出時間為每晚 6：30 ～7：30，擁有很高的收視率。2001 年 4 月底，該節目的女主持人蘇·赫雷拉（Sue Herera）打電話給總裁威爾許說：「老牌名嘴多布斯（Lou Dobbs），又回到 CNN 電視台主持『貨幣之線』（Moneyline），時間與『商務中心』重疊，這對我的節目來說是一個重大威脅。」赫雷拉希望威爾許能撰寫一封電子郵件，發給她屬下的團隊成員，以鼓舞士氣。

威爾許說：「不用發郵件了，為什麼我不能親自到你的

工作室去？」於是，在接下來的一個星期裡，他與赫雷拉的15人團隊一起吃餅乾、喝可樂，商討了幾十個應對方案。在這場討論中，威爾許儼然成為 CNBC 的專案經理。

結果，星期一的收視率兩方打平，三天後，「商務中心」就大幅勝出。正是威爾許的親臨指導，增強了 CNBC 團隊戰勝對手的信心和決心，最終創下高收視率。如果他沒有出現，而是讓團隊成員孤軍奮戰，又會有怎樣的結果呢？

谷歌產品高級副總裁喬納森‧羅森伯格曾說過：「常常露個臉，適用於每個人，更適用於領導者。」對於領導者而言，露臉不是快閃，而是要實地解決問題，鼓舞士氣，激勵人心。這是走動式管理的特點，也是其優勢。

1. 強化溝通 走入基層，面對面說話	2. 提高效率 及時發現問題，迅速解決
走動式管理的 4 大優勢	
3. 明察秋毫 注重細節，提升工作品質	4. 加深情感 常見面就能培養出感情

走動式管理具有強大的感染力和影響力，當管理者積極走動時，往往會帶動部屬和員工跟著動起來。

士光敏夫是日本享有盛名的企業家，在他接手東芝家電之前，該公司生產狀況糟糕，士氣低落。自他上任後，每天堅持巡視工廠，遍訪東芝設在各地的分公司，與員工一起吃飯，閒話家常。且在每一個上班日，都比員工早到公司半個小時，並站在門口和大家打招呼，這讓員工們感受到極大的尊重和鼓舞。就這樣，在士光敏夫的走動之下，東芝公司恢復了往日的雄風。

◤ 適合走動式管理的企業

　　走動式管理並非放諸四海皆準的方法，它也有自身的局限。如果一家公司的企業文化是「追求實效」「講真話」，而且員工的行為、習慣都是如此，那麼走動式管理的效果就會很好。

　　但如果只想聽「好話」，那無論管理者怎麼走動，都不會有好的效果。

　　為什麼我會如此斷言？因為，在後一種企業文化之下，即使高層來回走動，部屬和基層員工都不敢說真話，也不願意講實話。不敢說真話，是因為上級（指中階管理者）會懲罰打小報告的人；不願意講實話，是因為員工意識到講再多都沒用，無法改變企業的現狀。

　　企業應該在採取走動式管理之前，先思考一個問題：現

有的管理階層是願意改革、積極進取的人嗎？如果答案是肯定的，那就趕緊行動吧！

▋ 帶著「5 到」去走動

所謂「5 到」，是指心到、眼到、口到、耳到、手到，五者缺一不可。

1. 心到──處處留心皆學問

管理者人在走動，心卻不在現場；人在員工之中，心卻想著其他事……這種心不在焉的做法，不符合走動式管理的精髓。心到不只是全心投入，還表現為用心觀察、思考問題。

例如看到下屬工作效率差，或情緒低落，就要思考：是不是他的方法不對？或是遇到困難？我必須和他聊一聊，給他一些指導和幫助。再如，看到員工常常加班：是不是他們的工作量太過飽和？或是正常上班時間沒有認真？看到不少人上班遲到：是不是公司螺絲鬆了？大家不在乎獎懲制度？發現來電或來客數不若以往：是不是客戶流失了？為什麼訂單會減少？記得，處處留心皆學問。

2. 眼到──不做睜眼瞎子，專注觀察

既然親臨現場，就不能做睜眼瞎子，隨便瞧瞧就走人，更不能發現問題當作沒看見。正確的做法是，專注觀察，從

看似正常的工作中覺察到問題，揪出可能存在的隱患，將其消滅於未成形。

3. 口到——拒絕沉默，勤於溝通

　　走動過程中，既要觀察，也需溝通。如果沒有溝通，那麼對下屬的指導就無疾而終，交代的工作也無法確認。因此，管理者在走動中切莫沉默不語，應多開口和員工聊聊工作，談談想法，讓他們彙報進度，如此能更快了解實情，發現問題。同時，多肯定員工表現好的地方，給予正面激勵。

4. 耳到——保持耐心，傾聽下屬的意見

　　走動的目的，一方面要和下屬多溝通，了解工作現況；另一方面則應耐心傾聽他們的意見，發現並解決問題。管理者甚至要帶著問題去走動，當場提問，以便更深入了解相關事項，防止有人弄虛作假。

5. 手到——動手記錄問題，協助員工解決

　　在走動過程中，發現問題應該及時做記錄，留下資料。事後要積極關注問題的進展，有順利解決嗎？遇到了什麼困難？不能今天筆記，明天忘記。

積極走向企業外部

走動式管理不僅能在企業內部發揮效用，還可延伸到與外部的聯繫，從而將買賣利益的關係發展為朋友關係，化競爭為合作，形成新的經營理念。

1. 走向客戶

如今不再是坐在辦公室等客戶上門的時代，因此，企業應該從滿足客戶的需求，發展到主動了解客戶的需求，為其排憂解難；從賣產品改為賣服務，從經營生意轉為經營關係，以便與客戶保持長期穩定的業務合作。

2. 走向供應商

在供應商面前，企業是客戶，但換個角度來看，它也是企業的客戶。因此，趕緊放棄「我給你生意，你應該巴結我」的舊觀念，主動伸出友誼之手，與供應商建立戰略合作夥伴關係，持續打造穩定的供應鏈體系。這對企業長遠的發展，有著非常重要的意義。

3. 走向競爭對手

競爭對手要老死不相往來？那是心胸狹隘的企業管理者之認知。想要擴增規模、把餅做大，就應該要放寬格局、氣度恢宏。要知道，商場上沒有永遠的敵人，和競爭對手也可

以成為朋友，實現雙贏，將彼此的利益最大化。

多了解對方的動態，學習它的優點，也算是知彼知己、百戰不殆的實踐版。

4. 走向媒體大眾

俗話說得好：「好酒也怕巷子深。」

如今是資訊快速傳播的時代，媒體的作用越來越顯著。善用媒體，可以輕鬆借力，傳播企業的知名度，達到「一加一大於二」的效果。對於善意邀訪的眾家媒體，可適度配合；若有惡意中傷者，也要嚴正聲明，駁斥抹黑。

12

自主創新，
才是真正有價值的創新

創新前面應該加上「自主」兩個字，
才是真正有價值的創新。

——格力集團董事長董明珠

任何一個成功者，都不是因模仿競爭對手而成功，全都是靠堅持做自己。

比爾·蓋茲、賴利·佩吉（Larry Page）、謝爾蓋·布林（Sergey Brin）、馬雲、任正非和董明珠等，他們的共同特點是始終在研究自己，致力於將自己打造成獨一無二的品牌。

為什麼微軟、谷歌、阿里巴巴、華為、格力都能成為該領域的佼佼者，因為它們的企業文化裡有一種精神：不搭模仿的便車，只走原創之路，哪怕這樣辛苦一點，成功慢一點，也在所不惜。

以格力電器公司為例，其董事長董明珠表示，「格力所有工作都是圍繞『自主』展開的。堅持自主創新，引進高端人才，培養技術員工，發展獨樹一格的管理模式。」她還繼續說，「中央空調、壓縮機過去都是依賴購買，但現在，從內部零件開始都是自己加工，這樣可以確保產品品質。」

　　在科技日報主辦的「科技創新大講堂」上，董明珠大聲疾呼：「創新前面應該加上『自主』兩個字，才是真正有價值的創新。」她說，「創新絕對不是偷技術，而是自主創新。」

　　董明珠是這麼說的，格力人也是這麼做的，這不禁令人好奇：它的自主創新氛圍究竟是怎樣形成的呢？

　　譚建明是格力電器副總工程師。有一次開會，大家談到冷氣的出風口太難看，這時董明珠就問他：

　　「你能不能做出一台沒有出風口的冷氣？」

　　譚建明當下的反應是「這怎麼可能？」

　　他以為董明珠是在開玩笑，過些日子就會忘記。沒想到，幾天後就接到董明珠的電話，問他項目進展得如何。

　　譚建明用了一年時間，研發出一個雙門對開的方案。董明珠看了之後，覺得不夠簡潔，立即提出「只能有一個擋板」的要求，這等於在不使用冷氣時，冷氣機就能與牆面完全融合，消失在視野中。譚建明有些沮喪地說：「模具都做出來了，一句話幾百萬的成本全沒了。」但他沒有放棄，繼續帶領技術人員研發，終於在一年後製造出隱蔽性超強的冷氣機型。

　　一天晚上，董明珠發現研究室燈火通明，研究人員都在

加班。她說：「這麼晚了，都給我回家去，明天再做。」

　　但員工說：「不行，今天一定要做完。」這讓董明珠非常感動，她知道格力已經形成一種氛圍：錢少沒關係，再怎麼辛苦也願意，只要把事情做好和如何把事情做得更好最重要。

　　「自主創新，堅持原創」，是一種精神，也是一種骨氣，個人和企業都要擁有。只有在自己的產品、技術、服務獨一無二，才不至於輕易被淘汰出局。

▉ 要「對著幹」，而不是「跟著做」

　　不論是一個人，還是一家企業，都要有自己獨特的東西，切忌單純模仿，抄襲別人的技術或概念。與其跟在對手後面唯唯諾諾、亦步亦趨，不如標新立異，和它「對著幹」。

　　可口可樂是老牌子，在人們心中已經占有不可撼動的地位。很多後起之秀都不敢與之正面競爭，而是採取模仿的做法。例如，宣揚自己的可樂如何正宗，口味有多好，甚至比可口可樂還好喝。

　　但是，百事可樂卻沒這樣做，它採取和其他家截然不同的經營策略──跟可口可樂對著幹，公然宣稱自己是「年輕一代的選擇」。在它強悍的戰略帶領下，百事可樂真的得到年輕世代的追捧，慢慢地與可口可樂平起平坐。

　　為什麼會出現這種局面？我們不妨來分析一下原因：

首先，站在可口可樂的角度，當百事可樂以挑戰者的身分亮相時，它並沒有放在心上，自詡為正宗，已經深入人心，一個無名小卒不可能撼動其地位，根本懶得理。這是一種輕視的應對態度，為百事可樂爭取到發展的空間。等到它漸成氣候，可口可樂才想方設法予以抑制，就為時已晚了。

其次，站在消費者的角度，當百事可樂自稱為「年輕一代的選擇」時，年輕人會帶著好奇心去嘗試，那些不喜歡可口可樂的消費者，也會想試喝看看。不知不覺間，百事可樂的消費群就被培養出來了。

若不「對著幹」，就無法凸顯出自己的特色，很容易淹沒在浩瀚無邊的市場裡，屆時想在各種同類品牌中殺出一條血路，可謂難上加難。

突出自己的對立特徵

當企業產品最重要的特徵，已經被領先者擁有時，就得馬上尋找次要特徵，傾全力投入，讓它成為公司的代表作。

七喜是美國的一個汽水品牌，如今已隸屬於百事可樂公司所有，但它初創時是獨立的，而且還有過與可口可樂、百事可樂等飲料大廠激烈競爭的事蹟。

在兩家可樂商眼裡，七喜就是一個不起眼的小兵。該公司高層明白這一點，也知道要與這兩家大企業競爭，唯一的策略就是尋找對立的特徵，而不是模仿。

七喜發起第一次有效的進攻是在 1968 年，當時它們將自己生產的檸檬飲料與萊姆飲料，定義為「非可樂」飲料，這種首創的定義方式，讓其從可樂型飲料控制的市場中，打開一個缺口，衝高了銷量。按照這種分法，可口可樂、百事可樂是可樂型飲料的代表，七喜是非可樂型飲料的翹楚。如此一來，三家公司就齊名了。

　　看看七喜，它的成功就在於找到對立特徵，並想辦法凸顯特色。記住，市場有著無窮的包容力，它永遠不會厭煩新事物，只要敢創新，就有機會。

🚩 企業高層要捨得投入資金，適當放權

　　創新，尤其是原創，是要花鈔票的。如果一家企業的高層捨不得投入資金，員工想創新就如同無水之源、無本之木。在這方面，不妨再以格力電器為例。

　　董明珠說，格力在製冷工業的尖端技術研發上，三五次失敗，幾百萬資金打水漂是常有的事，甚至幾千萬都敢砸。「管理上不允許犯錯，但研發工作卻可以嘗試。只要有想法，我們的投入就不設上限，他敢要我就敢給。」這就是董明珠的作風。

　　除了金錢上的支持，董明珠還特別推崇放權：關於創新方面的事務，交給技術團隊去做決策。譚建明說：「一個研發團隊在做決策的時候，我會讓他們的主管保持沉默，盡量讓成員們去發揮，這樣才能激發每個人的潛力。」

企業高層並非萬事通，在具體的研發、創新上，技術人員才是專家，應該以他們的意見為主。而管理者要做的僅是大力支持，缺什麼給什麼就對了。

■ 不輕視任何一位原創型的競爭對手

IBM 曾經以大型電腦主宰整個電腦世界，同行的競爭者通常只能模仿，但很遺憾，都沒能打倒這隻怪獸。蘋果公司反其道而行，主推微型電腦，與 IBM 對著幹。結果，招來 IBM 的訕笑。它不但不把蘋果公司放在眼裡，還認為微型電腦不會有市場。

結果如何？我不說大家也知道，今天的微型電腦已經嚴重威脅到 IBM 的生存。我建議企業管理者，絕不要輕視任何一位原創型的競爭對手，因為他們都是企圖心旺盛的野心家。就如同在走「對著幹」這條路時想的那樣，唯一的目標就是幹掉對手，或者至少與他們平起平坐。

如何應對原創型的競爭對手？吉列（Gillette）公司的例子值得我們學習。

吉列公司是生產刮鬍刀的大廠。後來，法國一家新公司打出原創旗號，與它「對著幹」，專門製造「一次性」刮鬍刀來搶市場。吉列對它沒有一笑置之，而是認真應對，投入大量人力、物力，研發出品質更好的拋棄式刮鬍刀，並一舉擊敗競爭對手，進一步鞏固自己在刮鬍刀品牌的龍頭地位。

你的創造力到底有多強？

下面 20 道題目，請根據自己的實際情況，用「O」或「X」來回答。

1.（ ）當別人表達觀點時，總能專心傾聽。
2.（ ）能全神貫注地讀書、寫字或繪畫。
3.（ ）不迷信權威，也討厭迷信權威的人。
4.（ ）喜歡用類比的方法說話或寫文章。
5.（ ）平時喜歡學習或琢磨問題。
6.（ ）有很敏感的觀察力和提出問題的能力。
7.（ ）遇到困難和挫折時，從不氣餒。
8.（ ）在工作中遭逢難題時，會採取獨特的方法去解決。
9.（ ）經常思考事物的新答案和新結果。
10.（ ）善於從別人的談話中發現問題。
11.（ ）當從事帶有創造性的工作時，經常會忘記時間。
12.（ ）經常能預測事情的結果，並正確地驗證。
13.（ ）總有一些新的想法在腦子裡蠢蠢欲動。
14.（ ）對於各種事物產生的原因，都愛尋根究柢。
15.（ ）完成上級交代的某項工作時，會有一種興奮感。
16.（ ）擁有細微的觀察力，常常能發現別人注意不到的地方。
17.（ ）在解決問題的過程中找到新思路時，會感到興奮。
18.（ ）能主動發現問題，並找出各種問題相關的聯繫。

19.（　）總是對周圍的事物保持好奇心。

20.（　）遇到問題時，能從多方面去探索解決的可能性。

【得分說明】

● 打「O」數為 20 ——創造力很強。

● 打「O」數為 16 ～ 19 ——創造力較強。

● 打「O」數在 10 ～ 15 ——創造力一般。

● 打「O」數少於 10 ——創造力該補強。

13 把希望變成目標，
為目標制訂計畫

想得好是聰明，計畫得好更聰明，
做得好是最聰明又是最好。

——法國軍事家拿破崙

在做事之前，很多人都會在腦子裡盤算怎麼做。不同的是，大部分人僅止於想一想，然後在心底留個希望，完全沒有擬定具體的目標和計畫，走一步算一步；但某些人則會將心裡的想法，轉化成具體的目標和計畫，然後一一執行，直到完成。

前者把希望當目標和計畫，往往以失敗告終；後者把希望變為目標，制訂成計畫，則常以成功收尾。這就是失敗者與成功者最大的差別之一。

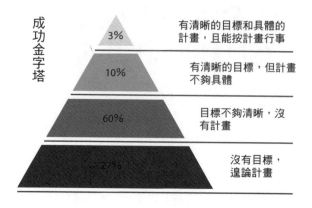

成功金字塔

- 3% 有清晰的目標和具體的計畫,且能按計畫行事
- 10% 有清晰的目標,但計畫不夠具體
- 60% 目標不夠清晰,沒有計畫
- 27% 沒有目標,遑論計畫

　　羅伯特‧舒樂（Robert Schuller）博士是美國宗教界的領袖人物。1968 年的春天,他萌發一個想法——在加州建造一座水晶大教堂。這不是普通的教堂,而是一處美麗的宗教伊甸園。當他把想法告訴著名的建築設計師菲力普‧詹森（Philip Johnson）時,對方提醒道:「這至少需要 400 萬美元。」

　　舒樂博士聳聳肩說:「我現在一毛錢也沒有,預算是 100 萬美元也好,400 萬美元也罷,對我來說沒有什麼差別,最重要的是這座教堂要有足夠的魅力,才能吸引來訪者捐款。」

　　在進一步討論後,詹森將這座教堂的預算暫定為 700 萬美元。如何才能籌集到這筆鉅款?當天晚上,舒樂博士在紙上寫下 10 行字:

- 尋找 1 筆 700 萬美元的捐款;
- 尋找 7 筆 100 萬美元的捐款;

- 尋找 14 筆 50 萬美元的捐款；
- 尋找 28 筆 25 萬美元的捐款；
- 尋找 70 筆 10 萬美元的捐款；
- 尋找 100 筆 7 萬美元的捐款；
- 尋找 140 筆 5 萬美元的捐款；
- 尋找 280 筆 2.5 萬美元的捐款；
- 尋找 700 筆 1 萬美元的捐款；
- 賣掉 1 萬扇窗戶，每扇 700 美元。

　　這是一個典型的目標分解，也是一個初步的計畫方案。這個方案包括 10 種可能的小方案，從而讓舒樂博士可以充分應對現實的困難。

　　在接下來的第一年裡，舒樂博士透過各種努力，籌募到兩百多萬美元。第二年，他推出「水晶大教堂窗戶認購專案」，讓有意願的人，以每扇 700 美元的價格，為水晶大教堂捐獻窗戶，並採取分期付款的方式，每個月支付 50 美元，分 14 個月付清。結果不到半年，1 萬扇窗戶的募款問題就搞定了。

　　12 年後，水晶大教堂竣工，它被視為世界建築史上的經典之作，前往洛杉磯的遊客，都會去觀賞這座人間伊甸園。

　　任何看似遙不可及的大目標，在經過細分變成若干個小目標之後，就可以按照計畫逐步去實現，以達成最終的夢想。

　　法式餐廳 Brasserie Les Halles 有一位傳奇主廚，名叫安

東尼‧波登（Anthony Bourdain），他還是一位暢銷書作家兼著名節目主持人。在他的廚房裡工作，凡事都得守規矩，哪怕是燒開水也要注意「妥善準備」。他認為，對於一名幹練的廚師而言，萬事俱備是至關重要的。

所謂萬事俱備，就是一切要準備就緒。放到廚師工作中，就是先了解今天要做什麼菜，清點必需的工具和設備，把食材按照恰當的比例配好，然後再開始做菜。這就是廚房整套的前置規畫。安東尼‧波登認為，追求妥善的行事原則，促使他在動手之前就先進行思考，以防止菜做到一半再回頭東找西尋，如此一來，就可以全神貫注做好面前這道菜了。

老子曾說過：「治大國若烹小鮮。」其實，做任何事情與「烹小鮮」的道理都是相通的。接下來，我以每天的工作為例，具體講述應該如何制訂工作計畫。

■ 做對每天的第一件事

一早來到辦公室，你要做的第一件事是什麼？我的建議是先擬定一個簡短的計畫，將今天的工作列表。

就像波登在開始做菜之前，先把整個完美無缺的操作流程預想一遍。這個方法同樣適用於每一位有進取心、追求工作效率的職場人士。

你可以先在大腦裡假設：今天的工作已經結束，並帶著滿滿的成就感離開辦公室。然後，問問自己做了些什麼？這

種倒推式的練習，能夠有效幫助你，將「感覺上非常緊迫的任務」和「真正重要的任務」區分開來。

列出 6 件事，進行排序

有一次，伯利恆鋼鐵公司總裁查理斯·舒瓦普（Charles Schwab）找上效率專家艾維·李（Ivy Lee），詢問他如何才能將公司管理得更好。

艾維·李說有一樣東西可以使他的業績提高至少 50%，接著，就遞給舒瓦普一張白紙，讓他在紙上寫下明天要做的最重要 6 件事，並標出次序。完成這些事只花了 5 分鐘。

艾維·李對舒瓦普說：「現在把這張紙放進口袋。明天早上一進辦公室，就把這張紙拿出來，做第一件事。不要看其他的，直至第一件事完成為止。然後用同樣方法對待第二件事、第三件事……一直到下班。」

舒瓦普問，如果明天沒有做完這 6 件事怎麼辦？

艾維·李說：「即使只做完第一件事，也不要緊，因為你總是在做最重要的事。」

停頓了一會兒，他又說：「每一天都要這樣做，如果它有效，可以將這個辦法推行至高階管理者，再慢慢擴及每一位員工。」

整個談話不到 30 分鐘。一年後，舒瓦普寄了一張 2.5 萬美元的支票給艾維·李，還附上一封信。信中提及，那是他

一生中最有價值的一堂課。五年之後，這個當時沒沒無聞的小鋼鐵廠，一躍成為世界知名的鋼鐵公司，而艾維・李提出的方法厥功甚偉。

總結其精華共分為 6 步：

第 1 步：每天寫出 6 件最重要、需完成的事情。

第 2 步：按照重要性標出次序。

第 3 步：先專心做完第一件事。

第 4 步：完成第一件事後，再專心做第二件事。

第 5 步：依次做完其他 4 件事。

第 6 步：第二天再將前一天未做完的事納入 6 件事中，繼續按表操課。

📣 任務清單上的每一件事都用動詞開頭

每一天，當把最重要的 6 件事列在任務清單上時，記住，請用動詞開頭來描述。效率大師大衛・艾倫（David Allen）認為，這樣能讓做事的動機變得更為具體。

舉個例子，與其寫「市場研調工作彙報」，不如詳細列出要為這份工作準備的項目：蒐集市場研調資料、製作 PPT、插入圖片加強效果。

研究顯示，在設立工作目標時，<u>如果對它的描述越具體明確，成功的機會越大</u>。事先計畫好一件事要做什麼，還可以減少做事時的思考時間，並且降低拖延的可能性。

📑 個人效率：專注 90 分鐘

計畫制訂之後，剩下的就是行動，我推薦「90 分鐘專注」。即專注工作 90 分鐘，就休息 10 ～ 15 分鐘。有研究表明，人在做事的時候，能集中注意力的最大時限為 90 分鐘。這段時間過後，精力和注意力會從一個相對高的山峰滑落到低谷，此時就是應該休息的時候。

差不多 10 年了，我每天都堅持按照這個方法工作，在 90 分鐘內，盡最大努力不被打斷。為了做到這一點，工作時我會關掉通訊軟體和電子郵件，把電話轉到語音信箱，等到休息時間再去查看訊息。在這段不算長的時間裡，我通常能超出預期地完成工作，效率令我滿意。

剛開始時，可能會花一些時間，去控制自己的注意力，但只要持續練習，慢慢地就會形成一種習慣，即每次投入工作，就能專注 90 分鐘。到那時，就可以遵循身體的自然節奏，甚至不用借助手錶和鬧鐘。

- **第 1 步**：寫下一個很想實現的願望，必須有點難度，然後用一句話表述出來。
- **第 2 步**：寫下「願望達成」的衡量標準，即做到哪幾項，就算成功。
- **第 3 步**：至少寫出三項實現該願望帶給你的好處，越具體越好。
- **第 4 步**：思考實現這個願望需具備的條件、能力，以及可能遭遇的挫折。
- **第 5 步**：針對條件、能力以及挫折，擬定完整的應對方案。

  例如，我應該準備達成願望的條件：①……；②……；③……

  該如何完善我的能力，以實現這個願望：①……②……；③……

  如果遇到 _____ 的挫折，我會採取 _____ 的應對方案。
- **第 6 步**：把計畫貼在每天能看得到的地方。
- **第 7 步**：堅定信念，馬上行動。

128

14 把時間和精力
用在最重要的事情上

在任何特定群體中，重要因子通常只占少數，而不重要的
則占多數。只要能控制具有重要性的少數因子即能控制全
部。

——義大利經濟學家柏拉圖（Vilfredo Pareto）

2006 年，我看到一篇名為《谷歌新服務不過爾爾，八成
流量還是來自搜索》的報導，文中有一句話令我印象深刻：
「谷歌的老本行搜尋引擎，依然為網站貢獻了近 80％的流
量。」這個資料描繪的，正是谷歌成功背後耐人尋味的祕密。

事實上，商業的本質就是「價值」和「價值交換」，即
生產任何產品、開發任何技術，都要追求價值回報的最大化。
如果同樣一件事，做 A 比做 B 獲得的利益更多，那我們為什
麼要做 B ？更有趣的是，有時候做 A 只需花費 20％的時間
和精力，卻能獲得總收益的 80％；而做 B 卻要浪費 80％的

時間和精力，但僅能獲得總收益的 20％。這就是義大利經濟學家柏拉圖早在 1897 年提出的「八二法則」。

柏拉圖在調查取樣中發現：大部分的財富，流向少數人手裡。即 20％的人擁有 80％的財富，富者恆富，貧者越貧，天平的兩端呈現極度不平衡的狀態。

其實，生活和工作中，處處都有這種不平衡的現象，「八二法則」就是它的代名詞。不管結果是不是恰好為 80％和 20％，誰懂得運用這個定律，誰就會獲得成功。

美國企業家威廉・莫爾曾是格利登公司的一名油漆銷售員，第一個月的業績有夠糟，僅 160 美元。在一個偶然的機會中，他接觸到「八二法則」，發現自己 80％的業績來自 20％的客戶，但他花在所有客戶身上的時間都是一樣多。莫爾立即意識到，這就是他業績不佳的主要原因。

接下來，他將自己手上 36 個不甚活躍的客戶轉交給其他銷售人員，把時間和精力集中到最有希望簽大訂單的客戶身上。沒過多久時間，他的月收入就達到 1000 美元。持續活用此一定律，莫爾連續多年成為公司的最佳銷售員，後來，還創立自己的油漆公司。

「八二法則」的精髓就是「有所為，有所不為」，它告訴征戰職場的每個人：要想讓時間效率最大化，業績翻倍，就要懂得如何抉擇，即把 80％的時間和精力，用在最重要的事情上，學會揪出主要矛盾、解決關鍵問題。

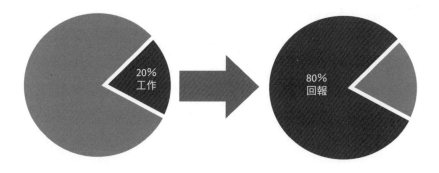

進入你的 20%工作計畫

運用「八二法則」的前提，是要找到能帶來 80%回報的目標，這就必須遵守下列事項：

- 側重某些重點，而非平均在每個項目上用力；
- 尋求捷徑，而非全程參與；
- 選擇性地尋找，而非逐一觀察；
- 抓大放小，不必事事做好。

回到工作中來，就是分清事情的輕重緩急，優先處理重要的、緊急的工作，對於那些既不重要、又不緊急的事情，先擱在一旁，有時間再處理。

掌握工作黃金時段，排定事情先後順序

職場中，有些人永遠在忙，工作 8 小時還不夠，加班成

了常態。為什麼要加班？因為工作效率低，自然要投入更多的時間去完成任務。若想不加班很簡單，只要掌握工作黃金時段，排定事情先後順序，按部就班就行了。

1. 了解黃金時間規律

　　一般來說，上午 8：00 開始，大腦的推理能力較佳，適合從事嚴謹、周密的思考性工作；下午 2：00 ～ 3：00，換成反應能力最強，適合做決定。根據這個規律，結合每天要做的工作，就能達到高效的目的。

2. 精神不佳時，做些整理性工作

　　人的情緒對工作狀態有著十分重要的影響。當精神不佳、情緒低落時，如果還堅持處理重要的事情，很可能徒勞無功。這個時候，我建議先轉做整理性的工作，像是把辦公桌收拾一下，將抽屜裡的文件整理歸檔。還可以站起來，眺望窗外的風景，或者去上個廁所、泡杯茶，都是調整情緒、釐清思路的方法。

◤ 在 20％的工作上投入 80％的時間和精力

　　假設今天有 10 項工作要完成（實際上可能沒有這麼多），根據「八二法則」，其中有兩三項工作是重要的，需投入 80％的時間和精力，才能獲得 80％的價值回報。所以，

必須認真挑選出來。

　　事實上，那兩三項工作或許不會真正花掉 80％的時間。等做完它們之後，再慢慢收拾剩下的。或委託、或授權、或暫時不做，甚至放棄掉，這樣不僅能維持較高的效率，也是聰明的工作方式。

📢 給重要事情完整的時間

　　在做 20％的重要事情時，為了保證工作效率，最好選擇一整塊的時間，以便一鼓作氣、不受干擾地完成。有些人不理解，為什麼要用整塊的時間去做一件重要的工作？我們不妨來個假設：

　　有一次，主管請你撰寫一份重要的市場企畫案，答應給你半個工作日（大約 3 個小時），並保證這段時間內不會打擾。結果，你只花了一個半小時就把企畫案做出來了，而且面面俱到，主管讚不絕口。

　　再一次，主管答應給你半個工作日的時間，寫一份市場企畫案，但這 3 個小時不是整塊的，而是斷斷續續的總和。在這 3 個小時內，他不時安排你做其他的事事情；同事找你討論工作；客戶打電話來……結果，這份企畫案足足用了 3 個小時才完成，而且還被批評得一無是處。

　　同樣是一份企畫案，為什麼擁有一整塊時間，可以快速、完美地交差，可是當時間零零碎碎，不但需時更多，而且工

作品質不佳？原因很簡單，人在被干擾之後，注意力會分散，等到再次聚焦，要花一些時間。而不受干擾的思緒，能連貫地思考問題，從而提高工作效率。所以，你應該設法幫自己準備整塊時間：

　　1. 在辦公桌的隔板上掛出「勿擾」的牌子。

　　2. 關掉手機，拔掉電話線，退出通訊軟體。

　　3. 整理思緒，將其他工作放到一邊，告訴自己這段時間不想別的事。

思考練習

先做一週，評估效果

　　按照「八二法則」，將一天的工作分類為「20％重要的」和「80％次要的」兩類，優先去做前者，為期一週，看看效果怎麼樣？

　　如果效果令你滿意，繼續堅持；如果效果不滿意，請反省自己的做法：是不是分類工作沒做好？或是做重要工作時不夠專注？抑或分配給重要工作的時間不是整塊的？

- 管得越少,就證明員工們自主決定的能力越強。
- 當有疑問或者遇到難題時,不須完全接受老闆的意見。
- 沒有戰略的組織就好像沒有舵的船,只會在原地打轉。
- 一個思慮周全、全力以赴的小團隊是不可小覷的,他們也許能改變世界。
- 對於領導者而言,露臉不是快閃,而是要實地解決問題,鼓舞士氣,激勵人心。這是走動式管理的特點,也是其優勢。
- 創新前面應該加上「自主」兩個字,才是真正有價值的創新。
- 每一天,當把最重要的 6 件事列在任務清單上時,記住,請用動詞開頭來描述,這樣能讓做事的動機變得更為具體。
- 「八二法則」的精髓就是「有所為,有所不為」。要想讓時間效率最大化,業績翻倍,就要懂得如何抉擇,即把 80% 的時間和精力,用在最重要的事情上,學會揪出主要矛盾、解決關鍵問題。

03

TEAM

15 做一個「自燃型」的員工

我希望員工們都是自燃型的人，
不用「點火」，他們也會自動燃燒。

——日本經營之聖稻盛和夫

　　很多成功者並非智商高，而是他們非常熱情；很多失敗者其實很聰明，但是缺乏熱情。熱情，是一種讓世人為之折服的魅力，也是成功的第一要素，他們的人格特質是專注投入、勤奮進取、富有責任感、勇於創新、不畏懼失敗和挑戰。

　　日本「經營之聖」、京瓷創辦人稻盛和夫談到「熱情」時說：「對工作傾注愛很重要，如果你能喜歡自己的工作，喜歡自己製造的產品，當問題發生時，就不會茫然不知所措，而是一定能找到解決問題的最佳方法。」

　　稻盛和夫說，在製造業中，產品的合格率常常難以提高，

這時首先要邁開雙腿走進現場，然後帶著愛，用謙虛的目光，對產品進行仔細的審視和觀察。如果能耐心傾聽，產品的問題或機器的雜音，就會自然地呈現在你面前。這就像高明的醫生，只要聽到心跳和脈搏有異，立即就能感知患者身體的異常。與此同時，傾聽產品的聲音，用心觀察產品的細節，就能明白問題和差錯的原因。

京瓷的產品大多是電子領域使用的小型零件，要找出其中的問題並不容易。那時候，稻盛和夫就像醫生帶著聽診器進入診療室一樣，經常帶著放大鏡去現場。他的放大鏡由多枚透鏡組成，目的就是將細節放大到可觀察的地步，然後對產品進行細心認真的檢查。

稻盛和夫說，如果你能將產品當成自己的孩子，滿懷愛，細心地觀察，你就能獲得如何解決問題、如何提高產品合格率的方法。在製造新式陶瓷產品時，首先要將原料粉末固定成形，然後放進高溫爐內燒結。燒結的過程中，產品會一點一點地收縮，收縮率高的，尺寸會縮小兩成。而這種收縮在各個方向上並不均衡，稍有誤差就會變成不合格產品。

另外，板狀新式陶瓷製品燒結時，往往是這邊翹起來，那邊彎下去，燒出來的成品就像乾魷魚般。為什麼新式陶瓷會彎曲？對於這個問題，既有研究文獻上並無記載，稻盛和夫只能帶著團隊做出各種假設，然後反覆試驗。

在這個過程中，他對產品傾注了無限的愛，和滿腔的熱

情。為了觀察產品燒結過程中，是如何彎曲的，他在爐子上開了一個小孔，觀察爐內的狀況，最後終於找到了原因和解決問題的辦法，研製出滿意的產品。

稻盛和夫認為，對自己的工作和產品，如果不注入深沉的關愛之情，事情就很難做得出色。工作是工作，自己是自己，把工作與自己分開，讓兩者保持距離，這是很多人的工作態度。然而，要做好工作，就應該消除這兩者之間的距離，讓自己融入工作中去。稻盛和夫說，不管時代怎麼進步，若缺乏熱情，在工作中就無法從心底品嘗到那種成功的欣慰，特別是向新的、艱難的課題發起挑戰並戰勝它們時。

哈佛大學心理學教授羅伊指出，熱情是一種精神特質，代表著積極的精神力量。研究表明，熱情可以彌補一個人20％能力上的缺陷。如果一個人沒有熱情，他的能力最多只能發揮出 50％。激情可以讓人一口氣奔跑 1 公里、10 公里，但熱情可以讓人一直奔跑下去。

作為管理者，如何組建一支富有工作熱情的團隊？又怎樣讓你的團隊在熱情的指引下變得強大？

▌選擇有熱情的員工

在人類的行為中，最容易訓練的職能是專業知識與技

術，最難訓練的是發自內心的熱情。想要打造一支富有熱情的團隊，首先應該從源頭開始，在徵人求才時嚴格把關，選擇有熱情的員工。

我在多年的管理生涯中，始終堅信熱情比技能和經驗更重要。在招聘新的員工時，我優先錄取滿懷熱情的求職者。我很欣慰，這麼多年來沒有因此失望過，即便有時我的用人之道稍嫌極端。

記得幾年前，我曾因為一個年輕人的潛力與熱情，就雇用她做我的業務助理。事實上，她剛進公司時，連基本的電腦文書處理都不會。即使這樣，我還是選擇了她，放棄了另外幾位能夠熟練操作電腦的應徵者。後來，她用了很短的時間就學會這些技術，並成為我的得力助手。

不幸的是，很多管理者在招聘人才時，並不那麼看重應徵者的熱情，只是一味地要求學歷、經驗和技能。我不否認這些因素，是徵人求才的關鍵指標，但對於實際的工作表現來說，熱情顯得更為重要。

在過去的經驗中，我目睹很多這樣的狀況：兩個受過同等教育、有差不多工作資歷的員工，做一樣的工作，其完成品質和客戶滿意度卻截然不同。造成這種差別最大的原因就是：一個富有熱情，一個缺乏熱情。因此，管理者尤其是人資主管，一定要重視熱情在人才招募考核中的重要性。在檢視一個人是否具備熱情時，可以看兩點：

1. 微笑

　　一位日本記者曾詢問美國希爾頓酒店集團的創始人康拉德・希爾頓（Konrad Hilton）：「您的酒店員工微笑服務做得很好，是怎麼培訓出來的？」希爾頓說：「微笑的員工不是培訓出來的，而是挑選來的。」

　　對酒店而言，多挑選一些熱情的員工，將熱情感染給其他員工，這不只是酒店成功的關鍵，也是任何一家企業成功的關鍵。在招聘人才時，觀察應徵者的面部表情，看他是否有微笑的習慣，看他的微笑是否發自內心，是否源於自然的流露，這是判斷其能不能擁有熱情的關鍵指標。

2. 主動

　　稻盛和夫曾表示，在一個組織裡總有這樣的人：沒有誰來要求他做，他卻自己主動去做。他會邀請前輩、學長姊們前來，然後提出自己的建議。

　　稻盛和夫說，如果一個剛入行不久的年輕人提出：「前輩，董事長講了要提高銷售額，那今天下班後，大家一起來討論一下怎麼做，好不好？」如果能開口說這樣的話，那此人就有希望成為團隊的領導人。敢如此說，不是為了裝樣子給別人看，而是真的熱愛工作，有強烈的問題意識。

　　在徵人求才時，特別是當他們進入試用期後，觀察其工作表現，看他是否有自動自發的意識，就能測出他對工作能否有

熱情。如果一個新人能夠主動做分外之事，心甘情願加班，只為把工作做得更好，那這樣的人才，企業應該毫不猶豫地留下來。相反地，那些在試用期就表現得消極的人——只做主管交代的，其他都不碰，哪怕只是舉手之勞，撿起地上的垃圾，收拾一下辦公桌，這樣的人還有什麼值得考慮的呢？

重視激勵，激發出員工被壓抑的熱情

有時候，員工並不是沒有熱情，而是在工作中處於謹慎小心的狀態，不敢表現自己的活潑、好問、創新。這類員工有一個特點，即在工作場合表現得嚴肅、正經，甚至是古板，但走出公司後馬上生龍活虎，完全判若兩人。當然，在公司裡你能感受到他們對工作的認真負責。

如何才能讓這些員工釋放出內心真正的熱情？很簡單，只要管理者經常給他們鼓勵、認可、讚揚、表彰，欣賞他們的才能、認可他們的創意、包容他們的錯誤、不計較他們無傷大雅的「幼稚」，他們就會讓主管看到熊熊燃燒的熱情之火。

1.適當請員工幫忙

如果是工作上的事情，那就談不到幫忙，只能說是「安排」。

這裡說的請員工幫忙，是指解決與工作關係不大的問題，例如，年長的管理者對新的軟體不熟悉，可以向員工請

教操作技巧；管理者生活中遇到棘手的問題，可以請員工幫忙解決。這樣能讓他們獲得信任感，有利於激發熱情。

2. 詢問員工的觀點

在團隊中，管理者應經常詢問員工的觀點，引導他們參與解決問題，並協助管理。像是公司決定舉辦一場競賽活動，管理者可以針對這個活動，詢問員工的觀點，請他們提供建議。

對於員工建設性的意見和有創意的想法，管理者還應該不吝讚賞，並予以實施。這對員工來說，是一種非常好的認可方式，有利於激發他們的熱情。

3. 授予員工非正式領導權

針對工作中的具體問題，授予員工臨時團隊的非正式領導權，這能激發他們的責任感和工作熱情。

想像一下，如果老闆對你說：「我最近實在太忙了，公司在客戶方面有個棘手的問題，需要三天之內解決，否則，會導致客戶流失。你能不能找幾個人來幫我處理問題？」這樣的臨危受命會給你非常大的鼓舞和動力。對於領導者來說，給予員工非正式領導權，意味著對其組織能力、決策能力、責任心的高度認可。

4. 與員工進行平等的合作

管理者與員工，在職位上是不平等的。因為這種不平等，

導致員工在管理者面前往往不夠自信，畏首畏尾，放不開自己。如果能想辦法打破這種關係，與員工進行平等的合作，那麼員工的潛能會更容易激發出來。

譬如，管理者出差時請一位員工陪同，就像朋友相偕外出辦事一樣，有問題一起商量，乘坐哪一車次、住什麼等級的飯店、去哪裡用餐等，都可以平等地溝通，甚至可以讓員工做主。

如果管理者還能跟員工閒聊一些個人的經歷，甚至自曝曾經的幼稚行為，員工肯定會「受寵若驚」，感覺主管是那麼信任他，當出差完畢回到工作中，會表現得更加積極、熱情。

5. 認真考慮員工提出的創意

當員工提出的創意不受主管重視、沒被認真考慮就遭到拒絕時，他們會感覺重挫，創新的熱情不再。

重視員工的創意，關係其熱情的激發和能量的釋放。管理者應該認真聆聽，並給予尊重。如果覺得創意不可行，最好說明理由。如果覺得可行，應該儘快實施，讓員工看到他為企業帶來的價值。

▐ 將那些「不燃型」的員工踢出團隊

人有三種類型，第一種是自己就能熊熊燃燒的「自燃型」——天生富有熱情；第二種是點火就著的「可燃型」——可

以被別人的熱情感染，繼而成為有熱情的人；第三種是怎麼也燃燒不起來的「不燃型」——天生個性孤僻冷淡，做什麼都沒有熱情。

對於第一種人，企業在徵才時就應該慧眼獨具挑選出來，只要他們的能力與職缺匹配，就可以立即納為團隊的一員；對於第二種人，管理者應適時激勵，設法點燃他們的熱情；對於第三種人，最好儘快踢出團隊，因為他們是害群之馬，會汙染公司環境和團隊氛圍。

稻盛和夫曾表示，那些相信虛無主義，總是表情冷漠，怎麼也熱不起來，甚至還會潑冷水的人，只要企業或團隊裡存在一位，整個組織的氣氛就會變得沉悶壓抑。他說：「我希望員工們都是自燃型的人，不用『點火』，他們也會自動燃燒。」

奇異前 CEO 傑克・威爾許則說：「要勤於幫花草施肥澆水，如果它們成長茁壯，你會有一個美麗的花園；如果它們毫無生氣，就直接剪掉，這就是管理需要做的事情。」威爾許的話告訴我們，對於可燃型的員工，要盡力去厚植培養、激勵鼓舞；對於不燃型的員工，既然他們不成材，那就應該將其「汰除」。這就是企業管理應該做的事情。

你有職業倦怠症嗎？

下面有 12 道選擇題，每題都有三個選項，分別是「A. 經常」「B. 有時候會」「C. 從來不會」，請從中選出符合你的答案。

1. 是不是以前很努力，現在卻總想著去度假？
2. 是否覺得自己的工作單調又枯燥乏味？
3. 在工作中碰到麻煩時，會急躁、易怒，甚至情緒失控嗎？
4. 是否感覺工作負擔過重，難以承受或喘不過氣來？
5. 是否覺得自己在公司遭受不公平的待遇，有受委屈的感覺？
6. 是否在進餐時沒有胃口，嘴巴發苦，對美食也失去了興趣？
7. 在工作時是否感到困倦疲乏，想睡覺，做什麼事都無精打采？
8. 是否自覺缺乏主動性，老闆安排什麼就做什麼，沒有安排就懶得動？
9. 是否認為自己薪水太低，付出沒有得到應有的回報？
10. 在工作中是否有與上司不和的情況？
11. 是否對別人的工作無能為力、無動於衷或消極麻木？
12. 覺得自己和同事相處不好，有各式各樣的隔閡？

計分方式：選 A 得 3 分，選 B 得 2 分，選 C 得 1 分。

【得分說明】

● **總分為 12 分**：你與職業倦怠症扯不上關係，相反地，對工作仍保有熱情，絲毫不覺得疲憊，這是非常健康的工作態度，請繼續保持。

● **總分 13 ～ 18 分**：你有輕微的職業倦怠，不過沒關係，只是偶有疲憊感，過幾天就會重新釋放能量和熱情，因為你能快速調整自己的心態。

● **總分 19 ～ 24 分**：你的職業倦怠症已經到了中度，如果再不調整心態，不好好管理對工作的厭倦情緒，這個症頭會越來越嚴重。

● **總分 25 ～ 36 分**：你的職業倦怠症已經到了末期，趕緊治療吧！建議請個長假，到偏遠山區走一走，去惡劣的環境中感受一下生活的不易，相信回到工作崗位後，即會懂得珍惜當下。

16 成長為「複合型」人才

> 不要成長為一個專才，因為時代會進步，
> 工作會變，專才反而無所適從，尤其是在科技界。

—— 谷歌產品高級副總裁喬納森‧羅森伯格

愛因斯坦曾說：「變化是唯一不變的存在。」一家企業的高速發展最需要的是什麼？毫無疑問的是人才，就連電影《天下無賊》裡的竊盜集團首腦黎叔都說：「賊是需要有技術的。」

人才指的是專才還是通才？如果是過去，很多管理者可能會需要有一技之長的專才；但是在今天，通才卻更受青睞。企業對複合型人才求之若渴，他們的「錢景」可期。因為在掌握專業技能的同時，又能動手實作或兼具其他知識的人，正是時代的寵兒。

企業偏愛複合型人才並不難理解。今日的市場競爭越來越激烈，只擁有一項技術的人已經不是社會最需要的了。香港城市大學的助理教授王龍，曾經和他的博士生導師——凱洛格商學院（Kellogg School of Management）組織與管理學教授 J・凱斯・莫尼根（J. Keith Murnighan），做過一系列的調查研究，結果得出一項結論：負責面試的主考官，往往對那些經驗豐富的通才更感興趣。

還有一項研究發現，有超過三分之一的求才廣告中，明確要求應徵者具備兩種以上的專業技能。相比於小型組織，那些一向追捧專門人才、獨特技術的大型機構，如今也要求他們的專家具備多項能力。

谷歌產品高級副總裁喬納森・羅森伯格提出建言：不要成長為一個專才，因為時代會進步，工作會變，專才反而無所適從，尤其是在科技界。其實，這也是對企業界的忠告：相比於專才，或許「複合型」人才的靈活度更能適合市場的快速變化球。

複合型人才的兩大優勢

複合型人才指的是在一定範圍內，具有淵博的知識和多種技能；而專才是指某一方面或某個具體領域的專業人才。

兩者相比，前者的專業技能、擅長領域可能略差一些，但在能力的廣度、適應的深度卻更勝一籌。正是這種優勢，

決定了複合型人才在今天企業中的重要地位。

整體來說，複合型人才有以下兩大優勢：

優勢 1：更能適應不斷變化的職場競爭

科技、資訊等行業瞬息萬變，今天的我們根本不知道明天會有什麼不一樣的發展，在這種情況下，擁有多項技能者較能迅速適應社會變化，畢竟臨時多學習一門專業是不容易的，而機會只屬於已經準備好的人。

技多不壓身，藝高人膽大，多一項能力，就多一分資本，面對危機時就能更從容地應對。

優勢 2：更快整合知識發揮創新能力

相對於專才，複合型人才的知識面更廣，能將各方面的資訊融會貫通，而且現代很多行業都是跨學科或領域的，觸角越多、越有整合能力的人，越能應對未來的大趨勢。

像牛頓、愛因斯坦等頂尖專業人士，由於涉獵的知識範圍廣泛，其創新能力就如火山爆發般猛烈。例如，牛頓是物理學的專家，又在數學上獲得成就；愛因斯坦就更不用說了，不但精通物理學和數學，更在哲學、政治學方面有深厚的底蘊。

📑 聘用複合型人才符合企業的價值追求

企業的存在就是為了追求價值，如果你是老闆或人力資

源主管，需要為公司引進一個人才，而且是專才和複合型人才之間擇一，你會如何選擇？

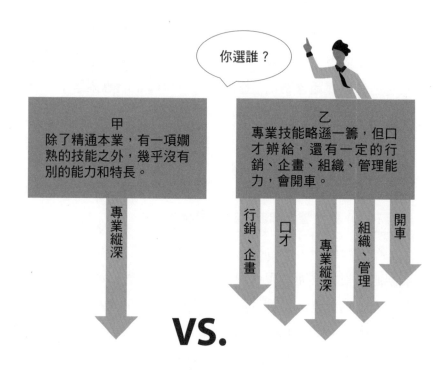

透過這個圖例的對比，相信每個人都會毫不猶豫選擇乙，因為他是複合型人才，可滿足企業發展過程中的多種業務需求，甚至可以多付薪水，請他兼任兩個職務。當然，前提是他有意願且有多餘的能力和精力。

判斷複合型人才是否合格的 4 大標準

　　一個人是否能稱為複合型人才，能不能為企業所用，以及用了之後的表現是否合格？應遵循 4 個判斷標準。

標準 1：至少擁有兩項專長

　　毫無疑問，既然號稱複合型人才，至少要擁有兩項專長，或比較精通一門，同時兼有其他較為突出的能力。譬如，擅長行銷，又能從事廣告企畫、管理團隊；或精通財務會計，還有較強的英文表達能力，這樣的人就可以兼任公司的公關或發言人。

標準 2：積極學習與本職相關的知識技能

　　一個複合型人才不會安於現狀，而是會積極學習與本職相關的知識技能，不斷鑽研出深度和寬度。這不僅是一種自我要求的提高，更反映出他積極進取的人生觀。

　　優秀的複合型人才，通常會利用各種機會磨練自己或自我進修，像是積極協助同事解決問題，主動尋找額外的工作機會，或爭取輪調的可能。與此同時，他們還會有針對性地參加專業訓練，進一步提高自身的素質和能力。

標準 3：既關注本職工作，又留意行業發展

　　在徵求英語翻譯這項活動中，人力資源部的夏主管遇到

兩位女性求職者——Amy 和 Dave。面談之後，她們都展示出優秀的英語翻譯能力。夏主管發現，Amy 的英語很道地，基本上對答如流，沒有絲毫頓挫；Dave 的翻譯與表達能力也是水準之上，但她不僅懂翻譯，在回答問題時，還一併提及自己對行業的了解及未來幾年可能的發展趨勢，這讓夏主管非常驚訝。自然而然，Dave 獲得了這份工作。

企業用人不僅僅是「一個蘿蔔一個坑」，還要思考所錄取的人在未來是否能適應職位的調整。因此，除了專業技能之外，另需考驗應徵者對行業的了解，及能否有前瞻性的想法。

(標準 4：深化自己的興趣愛好)

對於大部分上班族來說，所做的工作並非自己的最愛，因而會在個人興趣上尋求寄託。如果一個人能深化自己的興趣愛好，並在將來職涯出現變化時，把興趣愛好發展為一項職業技能，那麼這樣的人才無疑是最容易適應社會的。

艾拉是一家公司的業務部經理，熱情豪邁，平時喜歡幫助別人，並以與客戶交流為樂，所以，她與客戶的關係一直保持得很好，甚至有很多人成了她的好朋友。這些客戶之中，有不少是公司老闆或管理者，她經常從他們那裡吸收到各行各業的相關資訊。

某一天，艾拉猛然驚醒，意識到自己所接收的資訊，就是諮詢工作的範疇，或是說獵人頭公司、職業規畫師所做的

事情。於是，她利用空檔參加了一個職業規畫師的資格認證訓練。經過兩個多月的學習，她發現自己愛上這個工作，後來，便轉行從事全職的職業規畫師。

　　站在企業用人的角度，我建議管理者多多選擇複合型人才，因為他們擁有專才無可媲美的優勢，這種優勢也可以轉化為企業的競爭利器。站在職場人士的角度，我建議大家把空閒時間用來學習新技能、深化自己的興趣愛好。要記住，多一門技能，就多一種解決問題的手段，就多一種職業選擇。只有這樣，才能在職涯道路上從容行走。

17 廣泛學習、吸收多元化知識

利用機會,廣泛學習、吸收多元化知識。

——管理培訓專家余世維

不同背景的人,對於世界有著不同的看法。這是無價之寶,這些視野和眼界是教不會的。

我曾在多家公司擔任管理職,帶過幾支風格迥異的團隊。有些團隊其成員來自同一個國家,有大致相同的文化背景;有些團隊的成員複雜,連帶文化背景多元化。根據過去的實踐經驗,我深刻體會到多元化的優勢。不過,在管理他們時,如果無法妥善協調彼此的文化差異,很容易降低團隊的合作程度。當然,假使處理得當,將會獲得事半功倍的效果。

很多人問我：「多元化的團隊到底有什麼優勢？」這很難用一句話說出。原先的美好初衷，是希望不同背景的成員之間透過合作，在團隊內部創造出協同效應。藉由意見和觀點的多樣性，促使大家集思廣益，提高整個團隊的決策品質。

但是，組建一支多元化的團隊卻不容易。很多企業將這個口號高唱入雲，卻苦於無法改變現狀，最後多元化不見了，橫行於企業內部的仍然是老闆的一家之言和專制思想。

組建多元化團隊的 4 大難題

難題 1：文化、價值觀不同易釀衝突

生活經歷、文化環境不同的人，本就會有不一樣的價值觀念。即使相同，也會因所處的時代不同，思想和觀念各異。這些不同會導致團隊成員在思考方式和行為模式上大相逕庭，而且彼此之間難以相互理解。

例如，西方人說話直接，有不滿的地方，就會毫不掩飾地指出來；東方人則比較委婉，常常拐彎抹角，一般不會立即發表意見。西方人很難理解東方人的含蓄，東方人也不容易接受西方人的心直口快，這種衝突是必然的。

難題 2：語言不同，溝通起來有障礙

不同國家或地區的團隊成員，使用的語言可能五花八

門。即使都會講英語，但對那些並非以英語為母語的成員來說，也可能因為表情或用字遣詞不到位，造成彼此的溝通障礙。光這一點，就容易導致訊息傳遞失真和遺漏，降低整體工作績效。溝通障礙還會影響團隊成員創新精神的發揮，以及產生被孤立感和焦慮情緒。

難題 3：難以消除種族優越感

種族歧視是政治上的敏感話題，也是團隊中迴避不了的問題。某些人潛意識中，就認為自己比其他人優秀，這使得成員們在觀點出現分歧時，各有堅持，很難達成一致。既然彼此沒有共識和默契，工作績效自然看跌不看漲。

難題 4：管理模式很難令大家滿意

不同文化和生活習慣影響下的員工，各有一套他們認同的管理模式。如西方人比較認同數位化、程式化、制度化，而東方人則喜歡機動性、人性化，這樣就很難找到一種讓所有成員都滿意、對所有員工都有效的管理模式。

攻克多元化團隊難題的 5 種利器

組建多元化團隊有諸多難題，但並非沒有解決的辦法，以下就結合我多年的管理經驗，提供給大家作參考。

利器 1：從源頭抓起，選擇適合的團隊成員

想減少多元化團隊存在的差異、衝突和溝通障礙，在選擇成員時，除了考慮良好的職業道德、敬業精神、工作能力之外，還必須包括他們思想的靈活性、包容力、應變能力和適應力。

我建議在可能的情況下，選擇那些在多元文化環境中歷練過的人。拉法基（Lafarge）集團是世界知名的建材商，它的成功經驗之一，就是十分重視外籍員工的挑選，並嚴密考核應徵者的品格。

另外，在團隊成員的結構上，可引進和保留具有不同背景的員工，譬如，安排他們進入各個領導層次，從基層到中層，再到高層，讓大家能體會到企業對多元化的重視。

利器 2：正視差異，接納差異，縮小差異

團隊成員的差異，常表現在思考模式、做事態度和工作方法等多方面，如果主管沒有及時關注和解決這些差異，就很可能會降低彼此配合的默契，嚴重的甚至大大削弱團隊的凝聚力和戰鬥力。

例如，一位荷蘭同事曾經問我，為什麼華人主管請他執行一項工作，期間還要不斷地詢問進度。以我對荷蘭文化的理解，他們在工作中通常十分尊重個人的責任空間和獨立性，而且非常守信，一旦答應了，就會按時完成。如果過程

中遇到了問題，也會主動找上司討論解決方案。假使從頭到尾一直緊迫盯人，反而會引起他的不滿。

這就是不同文化的人對於監督行為的不同看法，只有正視差異，才能減少差異對團隊合作的不良影響。

我曾經召開一個跨國成員的會議，由於我對議題討論的結果不太滿意，因此會後我特別去找了其中一位技術專家，單獨請教他一些問題。令我驚訝的是，他的見解非常獨到。我問他為什麼不在會議上提出，他說想考慮周全了再講，結果被另一位習慣邊想邊說的同事搶了話……後來，我要求大家一定要在會議上輪流發言，再進行分組討論。結果發現，以往開會時沉默寡言的人，往往有深具創意的想法。

想要建立一支多元化的團隊，就必須正視差異，接納差異，縮小差異。如果視而不見，就會演變成團隊成員之間的衝突。相比之下，解決衝突比解決差異要困難得多了。

利器 3：積極展開跨文化的教育訓練

教育訓練在多元化團隊的組建中至關重要，不僅有助於更新員工的知識體系、改變他們的思維模式，還能對其進行再教育。

透過專業的課程，員工可以充分了解不同文化之間的差異，還能認識自己的優勢與不足，從而主動截長補短，提高自身的知識水準；也能改變固有的偏見，更好地與人相處和共事。

利器 4：以團隊目標、具體任務為導向

組建團隊的目的是完成任務，這一點大家都能認同。當團隊的領袖拿不出有效的管理模式和方法時，若能以團隊目標、具體任務為導向來管理，也是不錯的選擇。這樣成員們會很自然地關注績效，從而提高完成任務的效率。

作為領導者，在採用以具體任務為導向的方式管理團隊時，應該要對目標進行詳細的描述，然後精心安排工作，給大家明確的任務進度表。目標越具體、進度表越清晰，越有利於提高團隊的執行力。

利器 5：開展活動，營造良好的團隊氛圍

文化與價值觀的差異，導致團隊成員之間存在防衛心理，這會影響創意的發揮，也容易使他們出現被孤立感和焦慮情緒。因此，營造良好的團隊氛圍是必需的。該怎麼做，方法很多。

例如幫團隊設計一個獨特的標誌，或選擇一種動物作為吉祥物；或是經常舉辦活動，像是旅遊踏青、野外露營、腦力激盪、創意大比拼等；另外，如果有團體照，可掛在辦公室裡，讓大家隨時能看得到；當團隊成員有了出色的業績，就舉行簡單的慶功宴；有人生日，集體為他舉辦生日趴……以上這些做法都有助於活絡團隊內的氣氛，鼓舞大家的士氣，提升向心力。

你的包容力如何？

下面有 8 道選擇題，趕緊來測試一下你的包容力吧！

Q1. 如果不認同某些刊物的觀點，你還會看它嗎？

　　A. 當然會看，而且還挺有興趣的

　　B. 偶爾會看一看

　　C. 絕對不看

Q2. 下列三種說法，你最贊成哪一種？

　　A. 對員工違反制度的行為懲罰嚴厲一些，才能遏止此
　　　事一再發生

　　B. 公司的經營狀況好一點，員工違反制度的行為就會
　　　減少

　　C. 深入了解員工為什麼違反制度的心理最重要

Q3. 你會與外國人結婚嗎？

　　A. 遇到合適的，肯定會

　　B. 無論如何都不會

　　C. 看情況

Q4. 當朋友堅持要做你不贊成的事情時，你會怎麼辦？

　　A. 很生氣，減少與他來往

　　B. 把自己的感受告訴他，仍然和他保持交往

C. 反正不關我的事，隨他去吧

Q5. 你大多數的朋友個性如何？

A. 和你基本相同

B. 和你不同，且他們之間也不同

C. 和你差不多

Q6. 如果你的觀點在公司會議上被某人強烈抨擊，你會：

A. 不把這件事放在心上，設法轉移話題

B. 覺得他的觀點也有一定的道理

C. 感到十分憤怒，與他激烈爭執

Q7. 孩子在你工作時大喊大叫地瘋鬧，你會：

A. 感到心煩意亂，但不會說什麼

B. 對孩子發脾氣，批評他不懂事

C. 為孩子感到高興，因為他玩得開心

Q8. 有些長輩喜歡大驚小怪或瞎操心，你對此的反應是：

A. 不搭理

B. 覺得煩

C. 耐心傾聽

【計分方式】

(1) A4、B2、C0；(2) A0、B2、C4；

(3) A4、B0、C2；(4) A0、B4、C2；

(5) A0、B4、C2；(6) A2、B4、C0；

(7) A2、B0、C4；(8) A2、B0、C4。

【得分說明】

●**28 分以上**：你有超強的包容力，能夠充分考慮到別人的立場，理解對方的困難；也能容忍偏激和善變的想法，不在乎別人是否與你意見相左。對其他人來說，你是受歡迎的，而且是多元化團隊最需要的成員。

●**10 ～ 27 分**：你具備一定的包容力，基本上能理解和接受不同的想法，偶爾能接納新思想。但是，當別人的意見與你南轅北轍時，還是會無法認同。最好避免過於堅持自己的原則，要學會以別人的角度來思考事情。

●**9 分以下**：你的包容力很差，幾乎排斥任何和自己不同的意見，希望所有人的想法都與你一致。在別人眼裡，你是一個自以為是、專橫霸道、固執己見的傢伙。如果不學會反省自己，不試著理解他人的感受，傾聽不一樣的聲音，將很難和周遭的人相處。

18 不要簡化徵才的流程

> 不要把標準降低 10% 去錄取不合適的人，
> 解雇他們比聘用他們難得多。
>
> ——谷歌產品高級總裁喬納森·羅森伯格

　　在徵人求才時，不要把標準降低，不要把該走的流程簡化，否則，一旦錄取了不合適的人，解雇他們比聘用他們難得多。因此，請堅持「精挑細選」的原則，即使這樣會拉長招聘的周期，增加一定的人事成本。

　　和許多日本企業一樣，豐田公司在尋求人才上，不惜花費大量人力、物力，這樣做的目的就是想招募最優秀、最具責任感的員工。

　　它的徵才流程大致可以分為六個環節，前五個環節大約要進行 5 ～ 6 天。

豐田公司人才招聘流程

委託專業的機構，進行初步的甄選

▼

評估應徵者的技術知識和工作潛能

▼

評估應徵者的人際關係和決策能力

▼

了解應徵者的成績、興趣愛好等資訊

▼

錄取者須提交體檢表

▼

在六個月的試用期裡接受考核

第1個環節：委託專業的機構，進行初步的甄選

專業機構透過海選的方式，將應徵者集合起來，觀看工作環境和工作內容的影片介紹。隨後，請他們填寫工作申請表。

經過一個小時的簡介洗禮後，應徵者對豐田公司有了大概的了解，也對工作崗位的要求有了初步的認識，這也是他們自我評估和選擇的過程。某些人很有自知之明，覺得自己的能力達不到公司的要求，就知難而退了。專業機構也會根據應徵者在申請表上所填寫的內容，做進一步的篩選。

第 2 個環節：評估應徵者的技術知識和工作潛能

對於通過第一關的人，專業機構會對他們進行基本能力、職業態度以及心理相關測試，評估他們的工作潛能。如果招聘的是技術單位的人才，應徵者會被要求進行 6 個小時的現場機器和工具操作測試。經過這個環節的挑選，合格者的資料會轉入豐田公司。

第 3 個環節：評估應徵者的人際關係和決策能力

在這個環節，豐田公司會給應徵者安排一個長達 4 小時的小組討論，期間的過程由公司的專業人員即時觀察評估。例如，大家坐在一起，討論未來汽車的主要特徵。

應徵者還會被要求實地解決問題，以考察他們的洞察力、靈活性和創造力。像是參加一個長達 5 小時的實際汽車生產線之模擬操作。在過程中，應徵者需要組成專門小組，擔負起計畫和管理的職責，並思考汽車生產時會遇到的一系列問題，如配件怎麼製造、如何分配工作、怎樣採購材料等等。

第 4 個環節：了解應徵者的成績、興趣愛好等資訊

在一個小時的集體面試中，應徵者要向豐田的專家說明自己曾取得的成就，以及興趣愛好。透過這些問題，專家們能更全面地了解他們。

通過上述四個環節，基本上應徵者就會被豐田公司錄用。

第 5 個環節：錄取者須提交體檢表

豐田公司十分重視體檢，以了解員工的身體狀況，如過去的疾病史、家族遺傳史、是否會藥物過敏等問題。

第 6 個環節：在六個月的試用期裡接受考核

在六個月的試用期中，新進員工要接受觀察、督導等多方面的關注，以測試他們的工作表現和未來的發展潛能。如果在試用期裡表現傑出，能夠勝任工作，並被評估為潛力無窮者，就會正式成為豐田公司的一員。

接下來，我們再以美國微軟公司為例，一窺其人才挑選法則。

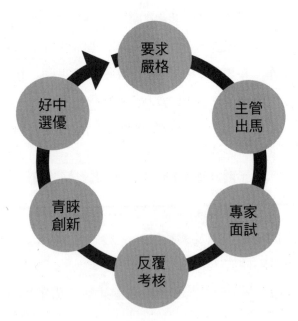

一、要求嚴格——
人品、智慧、熱情、合作、心態缺一不可

在微軟的徵才標準中，有兩項必要條件：一是人品；二是智慧。還有三個充分條件，分別是熱情、合作、心態。

熱情指的是對技術、產品和使用者擁有高度的熱忱，也就是喜愛工作；合作指的是具備團隊協作的意識和能力；心態則要積極、健康、正面，即我們常說的正能量。這五種是微軟公司對應徵者最基本的要求。

二、高層出馬——老闆親自面試

在微軟公司剛成立時，公司高層包括比爾·蓋茲、保羅·艾倫（Paul Allen）等，都會親自對每位應徵者進行面試。直到今天，它依然採用這種方法招聘產品經理、程式設計師、測試工程師、客戶支援工程師、軟體開發人員等優秀人才。

老闆現身就是要發揮慧眼獨具的能力，延攬各路英雄好漢，讓他們有機會為公司服務。

三、專家面試——
各個產品職能部門的負責人強力把關

各個產品職能部門的負責人，是最了解本部門和相關領

域的佼佼者，他們看中的人才不僅要有較高的專業水準，也要擁有絕佳的綜合素質，特別是在巨大的壓力下，仍然保持良好的工作狀態。

▌四、反覆考核──
至少接受 4 位不同部門員工的評分

對於有志進入微軟的年輕人，至少會有 4 個不同部門的員工對其評分。

評分的方式往往是主試者上午交給應徵人員一些新的資料，下午提出相關問題，看他們在短時間內，究竟能掌握多少。

每一輪考試後，受試者的詳細情況會被交給下一位考官，以供其參考。通過 4 輪測驗的應徵者，還要到總部接受複試。

▌五、青睞創新──
重視應徵者的創新意識和創新能力

微軟公司經常會向應徵者提出一些與本職工作無關的問題，以考驗其分析、解決問題的能力，與是否有強烈的創新意識和創新能力。例如，「美國有多少個加油站？」應徵者應該都說不出具體的答案，但可以透過人口來推算汽車數量，經由汽車數量推估加油站有多少家。

六、好中選優——
面試完還要寫一份書面評估報告

在對每位應徵者嚴格考核的同時，面試官還要為每個人準備一份書面評估報告。由於這份報告要給很多人閱讀，因此，面試官會有很大的壓力，促使他們認真徹底地執行查核把關的工作。透過這種方式篩選出來的錄取者，往往是最優秀、最被大家看好的。

微軟公司徵人求才的標準和方式，值得我們參考和利用。作為公司高層，不僅要重視人才招聘的工作，還應該親自參加，而且要有一套完整的選拔流程，這樣才能在精挑細選之後，確保留下來的是最符合企業需要的菁英。如果在每一次徵才過程中都有滿意的收穫，那麼何愁企業不快速發展壯大呢？

實務練習

經常將自己轉換成「應聘者」的角色，審視自己、考核自己，是否能通過公司的面試要求。

19 賞罰分明，才能帶來生機和活力

> 訓練人才應以人性為管教的模式，
> 並確立賞罰分明的制度。

> ——松下電器創辦人松下幸之助

　　谷歌產品高級副總裁喬納森・羅森柏格說：「美國職棒大聯盟球員平均年收入 300 萬美元，我想去打棒球，可惜不夠格。我願意花 300 萬美元穿著舊金山巨人隊的球衣上場，但連這也是癡心妄想，因為生活本來就不公平。這和管理團隊一樣，你不能在別人凸槌時還表揚他們『做得漂亮！』」

　　在球類比賽中，我們經常看到教練幫球員加油打氣，哪怕他表現糟透了，不得不換下場時，教練還是會說一句：「你表現得不錯，休息一下吧！」或者在比賽結束後的記者會上，對那些失常的球員打氣一番：「其實他們都為球隊做出了貢

獻！」

　　團隊管理不能像體育教練那樣，給每個人一個不痛不癢的表揚。現實生活是不公平的，企業競爭是優勝劣敗的，如果你想看到員工的最佳表現，就必須賞罰分明。正如日本松下電器創辦人松下幸之助說的那樣：「訓練人才應以人性為管教的模式，並確立賞罰分明的制度。」

　　做得好有賞，做不好受罰，在這種激勵措施之下，團隊的執行力就會如同永不停息的發動機。如果企業好壞不分，做多做少都一樣，那員工的積極性就會消失殆盡，有進取心者甚至失望離去，那這家公司還有什麼前途可言？

　　從勞資關係的角度來看，企業總是期望以最少的人力獲得最大的收益，而員工總認為薪酬和獎勵不夠多，懲處又過度嚴苛。因此，平衡這二者之間的關係十分重要。適度的獎賞能激勵人心，合理的懲罰能鞭笞落後，兩者結合，才能驅使人往高處走，才能推動企業向前發展。

🗨 了解三種激勵理論，掌握五種獎賞技巧

　　很多企業的員工上班時懶懶散散，下班後卻生龍活虎，似乎上班只是為了熬時間，目標就是等下班。為了解決這種問題，管理者需要了解員工的心理，和相關的激勵理論。

　　● 期望理論——如果個體感覺在努力與績效、績效與獎

賞、獎賞與滿足個人目標之間存在密切的聯繫，那麼他就會付出高度的努力。以上三者又以第三個最重要，當個人因績效而獲得獎賞，並經由獎賞滿足了目標需要，則工作積極性就會加倍成長。

例如，某程式設計師開發出一個程式，他期望得到至少十萬元的獎金，公司真的給他十萬元，這就是個人因績效而獲得獎勵，且這種獎勵滿足了與他目標一致的需要。在這種情況下，員工的精神會大受鼓舞。

● 強化理論——如果管理階層設計的獎勵方式，是以工作績效為標的，那麼這種獎勵會進一步強化和激勵取得優秀績效的員工。

●公平理論——個人在獲得獎勵時，會與其他人相比較。如果同樣完成一項任務，你卻比別人的獎金少，當然會感到不公平，且容易影響日後的努力程度。

了解三種與獎勵有關的理論後，再來注意以下幾點：

獎勵 1. 應該與員工的業績相符

獎勵員工的目的，是希望他們對企業做出更大的貢獻。因此，一定要與其業績相符，否則，就會失去意義。因此，可以選擇按績效、按目標考核等方法來分配獎金。

獎勵 2. 在一定程度上滿足員工的需求

高額獎金是最實惠的，能充分滿足物質上的需求，因此，

大部分員工最喜歡這種激勵方式。當然，除了鈔票之外，還有其他做法，比如授予某種榮譽，這是對員工價值的高度認可；帶薪的慰勞假、特休假，也是犒賞員工的好點子。

身為管理者，應該多了解員工希望從工作中得到什麼，這就叫做按需獎勵，會收到非常不錯的效果。

記得有一次，我到廣州某企業去演講，該公司一名員工因為當月業績超越標準，獲得與我共進晚餐的機會。後來，他把我們吃飯的照片發到朋友圈，還洗出來貼在辦公桌上，這對他產生了很好的激勵作用。

獎勵 3. 公開公正且明確，沒有模糊空間

為什麼很多時候人們覺得獎勵不公平？就是因為標準不明確，額度不透明，讓人心生懷疑。事實上，如果先公告獎勵的標準與金額，及什麼時候、什麼地點舉行，待時間一到，在既定的場合，公開公正進行表揚，誰還有不滿和怨言？

獎勵 4. 獎勵得有名目，不能濫發

獎勵時要有名目，如果毫無節制，就等於告訴員工，不需要太努力就可以混過去。這樣根本發揮不了激勵的作用，就像大人告訴孩子：「好好寫作業，晚上爸爸帶你出去吃大餐！」「乖乖聽話，媽媽就幫你買玩具。」殊不知，寫作業、聽話是孩子該做的。如果連盡本分都能得到獎勵，那無異變相賄賂或討好員工。這會嚴重降低獎勵的價值與效果。

團隊管理最忌諱的，就是對員工實行單一獎勵。只給員工精神獎勵，等於畫餅充饑，無法解渴止餓。只給員工物質獎勵，會讓人變得麻木，毫無刺激性。明智的做法是兩者並重，在物質獎勵的同時，別忘了精神和價值上的肯定，這樣才能最大限度地發揮激勵作用。

掌握 4 種懲罰手段，避免為了懲罰而懲罰

懲罰作為一種特殊的激勵手段，與獎賞是相輔相成、缺一不可的。它可有效防止和糾正各種不利於團隊目標達成的言行，從而保護員工的積極性和執行力。任何一家企業或組織的規章制度裡，都應該設置懲罰的條款，誰違反了規定，做出對公司不利的行為，誰就該受到相應的懲處。這既是對他們的嚴厲告誡，也是對恪守公司規定的員工之激勵。

原則 1. 處罰或批評，鼓勵或寬容，取決於員工行為的性質

對於員工不良的行為，管理者在決定懲罰之前，務必思考其性質。有些是可以原諒和寬容的，有些則必須從重處罰。譬如，某些員工好逸惡勞，盡可能逃避辛苦的工作，並拒絕創新和進步。對於這種行為必須嚴懲，除了導正觀念外，還必須督促他們朝著組織目標去努力。

某些員工工作認真，做事謹慎，偶爾犯了錯誤，如果施以嚴厲的責罰，往往會大挫其積極性。如果管理者能給他們一些鼓勵和寬容，並給予適當的指導及幫助，他們就能更懂得反省，且心存感激，在工作中加倍努力。

原則 2. 批評要注意場合和氣氛，留點面子促使對方反思

　　確定要批評下屬時，必須注意當時的場合和氣氛，既要留點面子，又要促使對方反思、改錯。批評的語氣中不能帶有情緒，言辭不可過於激烈。如果三言兩語能夠點醒對方，就沒必要沒完沒了。

原則 3. 用事後彌補代替罰款

　　我曾經接受過一家酒店的諮詢，它們的櫃台員工經常出現將會議結算的支票開錯的情況，公司處理的辦法就是罰款，每看錯一張，罰款 500 元。這嚴重羞辱了櫃台員工，因此這個位置的流動率居高不下。

　　我建議酒店不要再用罰款的方式處罰員工了，可以要求他們利用休息時間去會務單位換支票，並表達歉意，透過此項流程，引起他們對工作失誤的重視，杜絕類似問題再次發生。果然，自從採取這個辦法之後，櫃台員工的流失率和出錯率大大降低了。

原則 4. 變懲罰為獎勵，以制止不良行為的發生

美國加州有個公園種植了非常珍貴的花卉，經常發生有遊客偷拿的憾事。公園管理員一開始採取的辦法是：一旦捉到偷花賊，就扭送法辦。但是防不勝防，失竊現象依然屢見不鮮。

後來有位工作人員靈機一動，在公園各個角落豎起牌子，上面寫著：「凡是檢舉偷竊花木者獎勵 200 美元。」從此以後，偷花者因產生被眾人監視的懼怕心理，因此偷盜事件逐漸銷聲匿跡。

管理者不妨動動腦筋，用獎勵監督者的辦法，來制止公司內部不良行為的出現。此舉不但能激發大家參與管理的積極性，同時，也可凝聚向心力，揪出任何想破壞團隊的「壞傢伙」。

智慧箴言

高明的管理者不但重視激勵下屬，還善於應用非金錢的鼓勵贏得他們的信任和尊重。

20 將合適的人請上車，
不合適的請離開

將合適的人請上車，
不合適的請離開。

——著名管理專家詹姆斯‧柯林斯（James Collins）

有個農民摘了一籃蘋果，拿回來給家人吃。第二天，他發現其中一個已經爛了，妻子建議他扔掉，農民捨不得，因為每個蘋果都是他辛苦種的。於是，他請家人先吃爛蘋果，把好的留下來。沒過幾天，一籃蘋果全部爛掉了。

明智的做法是，把爛蘋果和好蘋果分開，以免好的受到傷害。這就是著名的「爛蘋果效應」，它告訴我們：一顆爛蘋果如果不能被及時發現並丟棄，就會毀掉一籃好蘋果。意即「一粒老鼠屎，壞了一鍋粥」。

任何企業或團隊裡，都有幾個「爛蘋果」，這種人往往我行我素，難以管理，很容易影響團隊氛圍。最可怕的是，他們有驚人的破壞力，一旦進入一個高效能部門，很快就能讓這個部門的士氣降低，甚至變成一盤散沙。

威爾·菲爾普斯（Will Felps）、特倫斯·R·米切爾（Terence R. Mitchell）和伊麗莎·白靈頓（Eliza Byington）等三位專家，曾經攜手研究過「爛蘋果與團隊效率之間的關係」。

在研究中，他們發現團隊裡只要有一個偷懶的（不願付出努力）、敗興的（悲觀、焦慮、易怒）或討厭的（違反公司規定、散播謠言）人出現，不用一個月，團隊的績效就會下降 30～40%。

有些爛蘋果很有能力，在某一時期還受過公司的重用，並握有一定的人脈和影響力。但由於他們人品差、不講信用、愛耍手段、玩弄小聰明，常常在不知不覺中，造成公司的損失。

美國史丹佛大學研究員查理斯·奧賴利（Charles O'Reilly）和傑弗瑞·菲佛（Jeffrey Pfeffer），曾對一家服裝零售店進行過調查，赫然發現：公司解雇了一名業績表現最出色，但同時也是最不受控的銷售員之後，全店的總銷售額卻激增近 30%。兩位研究人員指出：「有一個人拖累了所有的人，一旦他離開，其他人就能做到最好。」

對於這種不可靠且不可信的傢伙，該如何建立防火牆呢？

🔰 在面試時就要剔除不可靠的人

要避免被這些人傷害，最有效的辦法就是隔離在公司之外，不給他們任何錄取的機會。如果你是一個有心的管理者，不妨隨機觀察前來應徵的人其言行舉止，再在面試時用心中那把尺去判斷，就能察覺出誰不適合了。

1. 聽他說了什麼

什麼樣的人不可靠？毫無疑問，要先從人品上去考察。假如一個應徵者面對你的提問，回答不出來時還反譏問題荒謬；或是無任何傲人成績，卻大言不慚地說自己未來幾年能做什麼；或者你問他上一份工作為什麼離職，他卻喋喋不休地抱怨前公司這不好、那不行……那基本上可以斷定他不合格，因為言語輕浮、隨便，即使有能力，也顯得太張狂，或太愛抱怨，這是情緒毒藥，不是優秀人才應有的特質。

2. 營造零容忍的公司文化

公司在徵人時，就應該直接了當說明：哪些行為是不被接受的，一旦違反規定，會予以嚴懲，甚至直接解雇。

金融服務界的貝雅公司（Robert W. Baird & Co.）就是這樣的雇主，他們努力打造了一種企業文化，排斥工作中的無禮和自私行為，並將其稱作「拒絕混蛋法則」。該公司董事長保羅・柏賽爾（Paul Purcell）說：「在面試時，我會看

著應徵者的眼睛告訴他們：如果我發現你是個混蛋，就會毫不客氣炒你魷魚。很多人不會為這句話揪心，但有些聽完立即變得面無血色，而後我就再也沒見過他們，因為他們已經找好理由退出複試。」

從招聘開始，做好把關，加大對於個人品行的考察力度，這是防止「混蛋」溜進公司最有效的辦法。當然，千防萬防也有可能出現漏網之魚，如果他們僥倖通過篩選，那麼管理者就必須想方設法改變他們，或是乾脆辭退。

◤ 在工作中繼續鑑別不可靠之人

有些人是高明的偽裝者，他們在應徵時假裝謙謙君子，等進入工作後，就開始露出醜陋的狐狸尾巴。那麼，這些人在工作中有哪些不良的行為表現呢？

• 不肯虛心學習，還極力掩飾自己的無知，且最喜歡這樣說：「我不知道怎麼解釋我的設計，不過它肯定沒有問題。」

• 過分強調自己的隱私，不願接受監督和檢查，經常說：「我不需要別人來檢查我的工作，這是對我的不信任。」

• 不認同團隊所做的決定，總以為自己最高明，即使一件事過了很久，還會翻舊帳：「我還是覺得半年前的那個決策有誤，根本行不通。」

• 團隊裡大多都在抱怨同一個人，當然，也許不是直接

說出來，而是私下耳語。如果你發現公司裡有這樣的人，一定要去調查他是否有問題。

● 不愛與團隊保持一致的步調。當大家都在為專案上緊發條時，他們卻懶懶散散，好像與一切無關。

● 消極、被動、愛抱怨，經常散播負能量，或造謠生事，唯恐天下不亂。

● 做事推拖拉，很難在規定的時間內完成上司交代的任務。

總歸一句，不可靠之人就是不合格的員工，他們或能力無法勝任，或人品有問題，或某些行為習慣有損團隊氛圍和公司文化。具體該如何處理？請看如下所述。

■ 針對不可靠之人要有差別待遇

不可靠之人也有很多類別。有些可以透過教育，或鼓勵、讚美，激發出他們的正能量；有些則是有才能的，只因在不適合的位子上，無法發揮所長。對於這類人，可以調整職位或工作，讓其適才適所。

有些是根本不能用的，像是人品敗壞、操守有問題之人，最好快刀斬亂麻，立馬裁掉。當然，解雇可以當機立斷，也能含蓄委婉，就看管理者如何處理。

名廚愛麗絲·沃特斯（Alice Waters），是加州柏克萊Chez Panisse 餐廳的負責人，投入熱愛的廚藝至今已四十多

年。傳記作家湯瑪斯‧麥克納米（Thomas McNamee）稱她對人和食譜的篩選態度十分明確，處理「爛蘋果」的方式相當高明。

多年以來，儘管她將很多害群之馬掃地出門，卻沒有讓這些人沮喪、憤怒或感到羞辱。沃特斯辭退員工的步驟是這樣的：先讓某位同事向有問題的員工傳達出老闆現在「不太高興」。這是一種暗示，如果暗示起不了作用，那麼沃特斯的這位同事，或是另一個高層就會解雇這名員工。

Chez Panisse 餐廳的發言人說，儘管沃特斯有時也會親自開除員工，但她會讓那些員工感到好像是自己主動選擇離開一樣，而且對他們來說，離開以後另覓新職似乎是更好的選擇。

處置團隊中的「爛蘋果」是管理者的責任，要不然就是怠忽職守。雖然這件事是痛苦的，但請記住，不需和辦公室裡每個人都成為朋友，只要贏得大多數認真員工的尊重即可。

你會管理「問題人物」嗎？

在企業中，總有一些員工喜歡唱反調，或懶惰成性，或狂妄自大，或無視組織紀律，我們稱其為「問題人物」。對管理者而言，如何處理他們，實在是一項考驗和挑戰。以下有 10 道選擇題，請根據自己的實際情況來作答。

Q1. 當員工抱怨「總是做一些不重要的工作」時，你會怎樣反應？

A. 反問他「總是」是什麼意思，引導他發現事實並非如此

B. 直接說明為什麼不委以重任，因為他不可靠

C. 立即將重要的工作交給對方

Q2. 當員工以辭職或揭發你的醜聞來威脅時，你會如何應對？

A. 沒做虧心事，不怕鬼敲門，不在乎對方的威脅

B. 緩和對方情緒，適當妥協

C. 直接接受要求

Q3. 當反對派員工以拖延工作的方式來挑戰你的權威時，你會怎麼辦？

A. 按照公司的規章制度，嚴懲未能按時完成工作的人，甚至直接將其調職或辭退

B. 透過道德勸説來化解矛盾

C. 不予理睬，聽之任之

Q4. 有些「問題人物」擁有一定的背景和資源，你會怎麼對待他們？

A. 若即若離，與他們保持一定的距離，若其犯錯，絕不寬容

B. 不考慮其背景，所有人一律平等

C. 為維持關係，偶爾通融

Q5. 對於有能力的「問題人物」，你的處理方式是？

A. 有意識地進行冷處理，讓其體會團隊的力量

B. 一視同仁

C. 依賴其能力，總是順著他

Q6. 對經常提出批評的反對者，你的應對策略是什麼？

A. 與之討論建設性批評的好處，並與破壞性批評進行對比

B. 對其批評進行控制

C. 接受反對者的批評

Q7. 對於公司裡的懷疑論者，你會如何對待？

A. 撲滅他們帶給團隊的消極作用

B. 允許部分的懷疑論者存在

C. 懷疑可以發現漏洞，因此不用干涉

Q8. 反對派提出意見時，你會怎麼做？
A. 要求對方提供證據
B. 置之不理
C. 馬上考慮

Q9. 對散播不良情緒、有意跳槽的員工，你是怎麼處置的？
A. 假如員工去意已定，可以請他提前離開
B. 嚴格禁止其到處渲染
C. 暫時不管

Q10. 對嘩眾取寵、傳播小道消息的員工，你會如何處理？
A. 先提醒對方，再嚴格處理
B. 進行更多的溝通
C. 這是無關緊要的瑣事，不必放在心上

【計分方式】

選 A 得 3 分，選 B 得 2 分，選 C 得 1 分，最後統計得分。

● **10 ～ 16 分**：面對「問題人物」，你的意見和行為方式很容易受到影響。你希望找到兩全其美的平衡點，從而表現出很大的妥協性，但這樣很容易損害公司的利益。建議強硬一點，否則公司的問題會越來越多。

● **17 ～ 23 分**：你的處事方式比較緩和，建議用實際行動來展現說服力，為員工樹立典範，讓他們看看一個有權威的人是如何處理問題、實現團隊目標的。

● **24 ～ 30 分**：你的行事風格乾淨俐落，不拖泥帶水，對待員工有獨到的管理策略。做事講究方法，不會一味地打壓反對者，因此，儘管團隊裡有不同的聲音，但績效卻是數一數二。

本章重點總覽

- 很多成功者並非智商高，而是他們非常熱情；很多失敗者其實很聰明，但是缺乏熱情。

- 不要成長為一個專才，因為時代會進步，工作會變，專才反而無所適從，尤其是在科技界。

- 想要建立一支多元化的團隊，就必須正視差異，接納差異，縮小差異。

- 不要把標準降低 10% 去錄取不合適的人，解雇他們比聘用他們難得多。

- 高明的管理者不但重視激勵下屬，還善於應用非金錢的鼓勵贏得他們的信任和尊重。

- 管理者不需和辦公室裡每個人都成為朋友，只要贏得大多數認真員工的尊重即可。

決

策

04

DECISION MAKING

21 如果目標有衝突，就去改變它們

一個成功的決策，需要 90% 資訊加上 10% 的直覺。

——美國企業家 S.M. 沃爾森

在凡夫俗子眼裡，運氣永遠是與生俱來的。當有人在職務上升遷，或於某一領域取得好成績時，他們就會用不屑甚至輕蔑的口氣說：「如果我有像他一樣的運氣，我也會成功！」

也許很多人永遠不能領悟一個真理：成功始於正確的目標，以及針對目標的計畫和行動。

1870 年，標準石油公司成立之日，31 歲的洛克菲勒發下豪語：「總有一天，所有的煉油製品業務都要歸我掌控。」在此後的一年多時間裡，他兼併了二十多家煉油廠，控制了

克利夫蘭 90％煉油業、主要輸油管和賓夕法尼亞鐵路公司的全部油車。8 年後，全美國 95％的煉油廠，和幾條大型鐵路幹線，都在他的控管之下。短短幾年，洛克菲勒就實現了一個前無古人的目標。

在總結成功的原因時，洛克菲勒承認不能缺少運氣，同時指出，要想有所作為，必須靠正確的目標和計畫。他相信計畫會左右運氣，甚至能影響運氣。例如他在石油界倡導的「化競爭為合作」，正好印證了這一點。

在洛克菲勒實行這項計畫之前，美國的煉油商各自為政，利慾薰心，結果引發降價大戰，並陷入惡性循環。這對消費者來說是好事，但對商人卻是個災難。當時絕大多數廠商都是虧本的，正一個個跌入破產的深淵。

洛克菲勒很清楚，想要讓煉油業東山再起且繼續賺錢，就必須有一套規矩，讓大家理性行事。為此，他制定一個正確的目標——讓煉油商們化競爭為合作，並擬好一個詳細的實施計畫。洛克菲勒徹底研究了當時的狀況，評估了自己的力量，決定從克利夫蘭發動這場統治石油業戰爭的第一仗。在征服克利夫蘭的二十多家競爭對手之後，再迅速開闢第二戰場，直至打敗全部對手，建立石油業的新秩序。

將全美所有的石油相關企業統一到自己麾下，最需要的就是大量資金。所以洛克菲勒決定組建股份公司，希望能借助行業外投資者的力量。很快地，他就以百萬資產，在俄亥俄州註冊成立標準石油公司。接著用不到 10 年時間，控制

了美國全境的煉油業。

收割機的發明者、商業鉅子塞盧斯・麥考密克（Cyrus McCormick），曾說過一句發人深省的話：「運氣是設計的殘餘物質。」一個人不是因為運氣而成功，而是因為精心策畫。然而精心策畫必須滿足兩個基本條件：

第一，要知道自己的目標，如想做什麼，要成為什麼樣的人；

第二，要知道自己擁有什麼資源，像是地位、金錢、人際關係或是能力。

當擁有這兩項前提，就能確保自己走在正確的道路上，既非自以為是，也不是妄自菲薄。

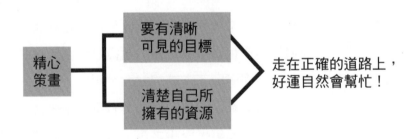

注意，這兩個條件的順序並非固定不變，有時候你可以根據自己的目標去籌措資源，有時候可以衡量已擁有的資源去訂定目標，或者將它們混合。那麼，怎樣才能確定目標？又如何針對目標制訂計畫和實施方案呢？

第一步：發現問題

　　任何目標的提出都是為了解決問題。而所謂問題，就是現實與理想之間的差距。這是管理者工作的起點，也是其職責。

　　譬如，你期待員工恪守盡責，每個人每個月都能完成規定的業績，但很多員工達不到目標，這就是執行力或業績設定的問題。你要透過調查、蒐集和整理情報，找出關鍵所在，從而構成決策的起點。最後會發現，業績目標是合理的，員工只要努力就能達成，於是得出結論：他的執行力有問題，該怎麼解決就是接下來要介紹的第二步。

第二步：確定目標

　　針對問題，你可以確定目標：「提高員工的執行力」或「確保員工達成當月業績」。值得注意的是，目標的確定要滿足幾個條件：

　　● 單一性。目標要單一，不能有歧義。否則，管理者與員工理解的不一樣，執行的效果肯定不佳。

　　● 定量性。目標是可以衡量的，切忌籠統、模糊。

　　● 明確性。目標是具體明確的，一看就知道要做什麼。

　　● 時間性。目標需有時間限制，什麼時候完成，要清楚明白。

　　● 可實現性。目標是可以實現的，切勿好高騖遠，不切實際。否則只會打擊士氣，不能帶來成就感。

了解目標應滿足的幾個條件後，試著對比「提高員工的執行力」和「確保員工達成當月業績」，你會發現：後者才是有效的目標，前者則否。

第三步：擬定方案

　　擬定方案就是尋找完成目標的有效途徑。此時，要經過多方比較、鑑別，找出幾種可供選擇的方案。它們之間最好有所區別，而不只是細節上的差異。

　　例如，從 A 地前往 B 地可以乘車或開車，乘車包括坐公車、地鐵和計程車，如果兩地距離較遠，那就變成坐火車（高鐵）、巴士和飛機。除了選擇交通工具，還要考慮什麼時間出發？什麼時間到達？來不來得及？哪條路線更快或更經濟？等等，綜合這些因素，才能訂出多套可行性的方案。

第四步：評估擇優

　　有多套可行性的方案之後，接下來，就是根據自己的需求來評估。

　　按照這個思路去評估方案，最終會找到最適合者。企業中的任何決策，都可以依循這個模式去進行。但管理者確定最優方案之後，涉及的執行工作可以交給員工去做；個人則只能自己辛苦點，扛下所有責任去實行。

從 A 地前往 B 地是因為出差，有時間限制，需當日往返，那就要選擇快捷的交通方式：坐高鐵或飛機。

若 A 地或 B 地沒有飛機、高鐵，就得考慮用接駁的方式，先坐飛機（高鐵）再轉火車或巴士。

若有可以直達的交通工具，但比較慢，這時就要提早出發，以不耽誤正事為原則。

第五步：實施方案

最優方案確定之後，接下來就是貫徹始終，實現預定目標。作為管理者，要將方案的實施工作安排給合適的人，或一人或多人都無妨，只需他（們）確保工作有條不紊地按部就班進行。

第六步：檢查監督

為確保執行不出錯，你可以建立嚴格的檢查監督制度，不時關注方案的實施進程，並及時糾正和指導。在過程中，管理者還要有承認錯誤的勇氣，只要一發現偏差，就得立刻叫停，馬上修正，以避免多走冤枉路，釀成最後的失敗。

提升目標意識的自我測驗

下面有 20 道題,請用「是」或「否」來回答。

1. 是否會經常發自內心地思考遠大的目標?

2. 是否知道該如何透過別人的幫助來實現目標?

3. 是否把目標付諸行動了?

4. 失敗時能正確調適自己的心態嗎?

5. 有一個詳細的目標計畫表嗎?

6. 對未來是否有充分的準備?

7. 對自己的目標有達成的信心嗎?

8. 對每一件事都有精心的計畫嗎?

9. 想做的事都能完成嗎?

10. 在實現目標的過程中,有執著的信念嗎?

11. 能與他人好好合作嗎?

12. 能積極蒐集所需要的資訊嗎?

13. 願意不斷完善自己的目標計畫嗎?

14. 幾年前的短期目標現在實現了嗎?

15. 善於解決棘手問題嗎?

16. 失敗之後能深刻反省並總結教訓嗎?

17. 擁有達成目標的良好習慣嗎?如時間管理。

18. 時間觀念很強嗎?

19. 有很多支持你的朋友嗎?

20. 會經常在內心激勵自己嗎?

答「是」得1分，答「否」不計分，請統計總分。

● 總分 0 ～ 7 分：

你的目標總是在不斷改變，做事時表現消極，缺乏進取精神，也不會因為一個想法或一個目標而束縛自己。建議你克制慾望，一段時間內專注於一個目標。

● 總分 8 ～ 15 分：

你對目標能靈活掌控，做事認真，不會感情用事；善於應付危機，並不斷有好的想法。但耐性不夠，有時會否定自己的計畫，這是成功的不利因素。

● 總分 16 ～ 20 分：

你的目標意識很強，且訂下目標之後，會制訂完善的計畫去行動。對自己很有信心，不會因外界的干擾而放棄，但要注意：實現目標應從小事開始，步步為營，這樣終極目標才會實現。

22 在沒有出現不同意見之前，不做任何決策

在沒有出現不同意見之前，不做任何決策。

——通用汽車公司 CEO 艾爾弗雷德‧斯隆（Alfred Sloan）

　　企業主管在開會時經常強調：「現在我們的意見不統一，召開會議的目的是消除異議，達成共識後才能做決策。」殊不知，共識並不意味著意見一致，更不代表決策就有了堅實的依據。

　　真正好的決策，是建立在存異議、有爭論、多方想法碰撞和溝通的基礎上。無論碰撞和溝通的結果有沒有達成共識，只要能從眾多的意見中，選出最能說服人心者，便可以成為決策成功的基礎。哪怕還有一些人反對，不是 100％ 全體贊成。

團隊要達成共識，不是一件容易的事，因為每個人的價值觀、思維方式、行為模式、認知能力都不一樣。但慶幸的是，他們不是鎖在房間裡的陪審團，直到達成一致才可以裁決。企業高層在決策時，沒有理由花大把時間徵求每個人的同意，才做出最終的決定。

　　而且，大家都同意的意見，不一定是好意見；一致認同下的共識，也並非衡量決策是否高明的標準。也許正好相反，是大家昧著良心說假話、逢迎討好高層。而決策者如果只活在同溫層取暖，沒有自知之明，那企業的下場往往會很慘。

　　有精準決策力的管理者會吸收不同意見，使自己看清真相，就像玩拼圖遊戲，最後才得以窺見圖形之全貌。

　　有時候，管理者並不比員工高明多少，看到的都只是局部。局部與局部的不同，並不代表彼此分歧，它們都是認清事物本身的重要組成部分。只有透過對不同意見的討論，才能發現哪些看法是站得住腳的，哪些是不攻自破的。反對意見不會阻礙決策，它會督促管理者更小心謹慎，並做出高效及精準的決策。

🗨 在沒有出現不同意見之前，不做任何決策

　　艾爾弗雷德・斯隆是美國通用汽車公司史上，最有影響力的總裁之一，被西方管理學界譽為「現代化組織天才」。著名的「斯隆管理學院」，乃麻省理工學院旗下的五大院校

之一，正是以他的名字命名。在斯隆領導通用汽車的 33 年裡，其市占率從 12％上升到 56％。這得益於他把科學和民主決策放在首位，廣納建言，認真聽取各種不同意見。

在總結通用汽車的經驗時，斯隆說：「一個企業的成敗，關鍵在於決策是否正確。決策如果正確，執行中即使出現偏差也可以彌補；但出現失誤，而且是最大的失誤，則任何補救措施都不能挽回。」如何才能保證決策正確？斯隆的答案是：在沒有出現不同意見之前，不做任何決策。

關於斯隆，還有一個很有名的故事，被譽為「爭議決策」的理論起源：

有一次，他主持一個會議，討論一項重要的議案。會議中，大家一致同意公司高層提出的方案。就在表決前，斯隆突然宣布：「現在休會，這個問題延期到我們可以聽到不同意見時再開會決定。」

爭議決策，指的是在決策過程中，必須有激烈的爭論和意見分歧，如果 100％都贊同，那就應該暫時擱置，等到詳細調查和充分討論之後，再進行決策。換言之，就是要廣泛聽取意見，權衡利弊，選擇最佳的方案。通用汽車之所以能夠成為汽車業的「領頭羊」，與斯隆一直推崇的爭議決策有很大的關係。

其實，被譽為「現代管理學之父」的彼得・杜拉克也有類似的觀點，他曾在著作中描述：「經理人員所做出的決策，如果是大家一致鼓掌通過的，通常不會是一項好的決策。只

有經過各種意見交鋒、不同觀點爭辯，才有可能做出好的決策。」

好的決策需要經歷衝突與碰撞的理由

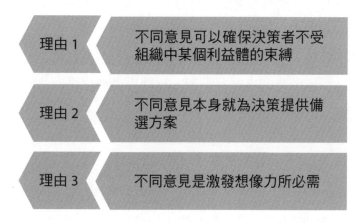

理由 1 ｜ 不同意見可以確保決策者不受組織中某個利益體的束縛

理由 2 ｜ 不同意見本身就為決策提供備選方案

理由 3 ｜ 不同意見是激發想像力所必需

為什麼好的決策需要經歷衝突與碰撞？杜拉克給出三個理由：

理由 1 ） 不同意見可以確保決策者
不受組織中某個利益體的束縛

正如迪士尼公司創辦人華特・迪士尼所言：「意見不一致時的相互制約，是公司高層決策時所必需。」例如，股東所持的意見和態度，是以他們自身利益為出發點，卻有可能損害企業的長遠發展。但如果能聽取員工從不同角度提出的

看法，或許決策者就能避免受制，有額外的思考空間。

理由 2　不同意見本身就為決策提供備選方案

　　杜拉克表示，一項沒有備選方案的決策，無論經過怎樣的認真思考，都是賭徒式的「孤注一擲」。如果決策者在做決定的過程中，已經仔細考慮過各種備選方案，當原來的計畫行不通時，至少還有經過深思熟慮的補救方式可以替換。反之，一旦既有的專案行不通，整件事就會以失敗告終，或被擱置，以騰出時間去思考替代方案。

理由 3　不同意見是激發想像力所必需

　　杜拉克說：「不同的看法，特別是被迫進行論述、推理、認真思考和提出證據者，是我們所知最有效的激發能力。」意即很多靈感和創意，是在各種意見碰撞和爭論中迸發出來的。

🔖 營造說話的氛圍，大聲地爭辯，激烈地討論

　　太安靜、沒有意見的公司永遠不會有好點子。有效的決策不是坐下來喝杯咖啡那麼簡單，如果你想真正了解企業發展中的問題，做出正確的決策，就有必要營造出一種說話的氛圍──眾人可以大聲地爭辯，激烈地討論。

　　公司應該鼓勵「衝突」，你有必要經常站起來說：「各位太安靜了，請大家踴躍發言，現在就開始。」只有這樣，才能

讓每個人都以積極的態度加入，最終得出最佳決策和方案。

美國紐柯鋼鐵公司（Nucor Corporation）的業績曾一度非常糟糕，眾多部門中僅存一個有盈餘，其他都在虧錢。在公司瀕臨破產時，肯·艾佛森（Ken Iverson）走馬上任，他組建了一支傑出的管理團隊，其中包括「世界上最優秀的財務經理」山姆·希格和「營運天才」大衛·埃柯克。

艾佛森很想了解紐柯的全部情況，以及員工的真實想法，但他知道靠「紳士的交流」達不到目的，必須營造一種有效的對話氛圍，他的做法就是鼓勵員工大聲地爭辯，激烈地討論。

據當時參加會議的經理們回憶：「整個會場亂糟糟的，大家一連幾個小時都在討論問題，直到事情有了眉目。有人在表達意見時臉脹得通紅，甚至拍桌子，幾乎要大打出手。」這樣的情形在紐柯公司持續了好多年。

透過一次次的爭吵和辯論，紐柯公司也做出一次又一次正確的決策，並快速走出虧損的泥淖。30 年後，它成為世界四大鋼鐵廠之一。

▐ 在內部培養批評者——
反駁是每一位員工的義務

真理越辯越明，爭論越多，對問題的認識才越真切。美國全錄（Xerox）公司 CEO 安妮·瑪爾卡希（Anne

Mulcahy）曾指出，在內部培養批評者，是保障決策有效性的重要措施。她說自己的管理風格，20 年間都可能沒有太大的改變，但她學會了對其進行彌補，靠的就是打造一支能夠與她某些弱點相抗衡的團隊。她認為每個企業、每個管理者都需要內部批評者——那些有勇氣敢唱反調的人。

世界一流的諮詢顧問公司麥肯錫也有類似的舉措，即員工都具有「反駁的義務」：對於不認同的看法和意見，明確表示出自己的異議並提出反駁。這種義務是每個麥肯錫人必須履行的。他們發現，當不同的意見發生碰撞時，很容易擦出火花。<u>一些解決問題的有效辦法和創意，往往是在相互對立的觀點下產生的。</u>

■ 廣納建言——不只對內，還應向外

廣泛徵求意見，不只對內，還應向外。在公司內部，要鼓勵大家發表意見、自由交流，為了討論，甚至可以不給管理者面子。與此同時，還應擴大意見徵求範圍至企業之外，例如投資者、專業諮詢機構、供應商、經銷商、客戶、顧客等利益相關者。

當然，在徵求意見時，企業決策者要注意這些人的立場和角度，防止他們「過度推銷」自己的觀點。

23 從客戶的角度思考

> 我們要去了解客戶的需求，
> 客戶需要什麼我們就做什麼。
>
> ——華為公司創辦人任正非

如果你不知道要做什麼的時候，請從客戶的角度思考。

美國北部一家海洋生態館開張了，門票 200 美元一張，令那些想去參觀的人望而卻步。開館一年，遊客門可羅雀，老闆只好以「跳樓價」轉讓出去。新老闆接手後，卻創造天天爆滿的奇蹟，遊客有的是兒童，有的是帶著孩子的父母。僅僅半年，這家場館就開始有盈餘了。

為什麼新老闆能讓它起死回生？原因很簡單，因為他主打的廣告內容只有 8 個字：「兒童參觀一律免費。」事實上，海洋生態館的門票還是 200 美元一張，不同的是，在讓兒童

享受免費參觀的同時，帶動了父母前來，它賺的就是父母的錢。

很多年以前，華為人就認識到要以客戶需求為導向，他們的經營理念是「實現客戶的夢想」。今天，華為打造了無線、固定網路、業務軟體、傳輸、數據、終端等完善的產品及解決方案，替客戶提供全方位的服務，全球共有七百多個電信營運商選擇與華為成為合作夥伴。

華為創辦人兼總裁任正非說：「為客戶服務是華為生存的唯一理由，而客戶需求是華為發展的原動力。」這既是企業戰略核心，也是一直以來的共識。華為的立身之本，就是提供產品和服務，滿足客戶的需求，並從它那裡獲得合理的回報。只有真正了解客戶的壓力與挑戰，並為其提升競爭力，客戶才會與企業長期合作。

「以客戶需求為導向」的口號每個企業都會喊，但真正能做到的卻不多。或者說，很多企業不知道怎麼做？接下來我就針對這個問題，分享幾點經驗。

■ 無須太超前，只要客戶當下需要什麼，就滿足什麼

曾經有一段時間，一些科技公司瘋狂追求技術，反而導致全面破產。從統計資料上可以得知，它們不是因技術落後被淘汰，恰恰相反，乃技術先進到客戶無法接受，產品賣不

出去而陣亡。結果是企業白白消耗了大量的人力、物力、財力與競爭力。這樣說並不是否定技術的價值,而是要符合需求性,讓客戶感到稱心如意。

那技術在什麼階段最有效、最有作用?這就要看客戶的需求了,它需要什麼,企業就做什麼。超前太多的技術是人類的瑰寶,但在客戶眼中是不實用的。

以華為公司為例,他們對技術的態度是:在產品創新上,要保持領先對手半步。任正非更是直白地指出,超前同行三步就會成為「先烈」。為此,華為不斷強調產品的發展目標,是以客戶需求為導向。透過對客戶需求的分析,提出解決方案,再以這些方案引導開發出低成本、高技術的產品。

不要一味追求超前部署(衝過頭禍福難知),而該認清客戶當下最需要的產品以及對應的技術,傾全力去生產和滿足。

◤ 為「以顧客為中心」正名, 因為不是所有的顧客都是對的

1975 年,大型零售商 Nordstrom 的某家分店裡,一個人提著爆掉的輪胎要求退貨。可是 Nordstrom 根本就不賣輪胎,但最後它還是接受退貨,並退還顧客買輪胎的錢。

這一事件不僅是 Nordstrom 公司內部引以為豪的品牌故事,更成了業內傳誦的經典。三十多年後,美國賓

州大學華頓商學院（Wharton School of the University of Pennsylvania）行銷學教授 Peter Fader，在其出版的作品中再次複述這個故事，但他的結論是：這個做法有待商榷。

在接受《成功行銷》記者採訪時，Fader 教授說：「毫無疑問，他們是非常棒的公司，服務一流並有很高的顧客忠誠度。但 Nordstrom 似乎沒有理解到『顧客服務』和『以顧客為中心』的差別。」

「以顧客為中心」的概念，是由直銷之父萊斯特·偉門（Lester Wunderman）在 1960 年提出來的。得益於業界人士和媒體的傳播，這個概念已家喻戶曉。然而，關於「以顧客為中心」的定義和操作標準，學術界和企業界一直沒有定論。這其中，最為人所深知的就是「顧客服務」。

什麼是「顧客服務」？就是「為所有的顧客提供一流的服務」「顧客永遠是對的」「顧客即上帝」，這種理念一度在全球風靡，成為眾多企業的經營聖經。

然而，Fader 教授指出，這並不是真正的「以顧客為中心」，而只是其中一小部分。相比於「顧客永遠是對的」，「以顧客為中心」理論更是直截了當指出「不是所有的顧客都是對的」，因為世界上有「好顧客」，也有「一般顧客甚至是壞顧客」。

兩種顧客對於企業的價值是不同的，所獲得的待遇也不應該平等。儘管某些顧客永遠是對的，但不是所有的顧客皆然。因此，對待他們要有區別性，才是真正做到「以顧客為

中心」的關鍵。當然，這並不是故意忽視或看輕後者，只是說要多花點時間和精力在好顧客身上。

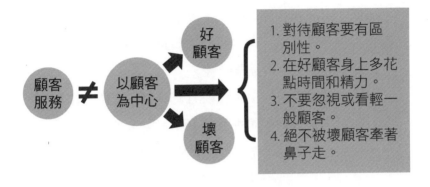

引入顧客終身價值的衡量標準，正確地區分好顧客與一般顧客

　　區分好顧客與壞顧客的標準很簡單，即他們在與企業品牌接觸的整個過程中，可能帶來的價值。

　　以往企業只關注新來客的數量，而不記錄在哪裡、什麼時間、透過什麼活動得到這些人的青睞。如果能知道他們買的第一個產品是什麼，之後的購買頻率為何等，就能經由後續品牌行為資料的累積，分辨出這些顧客的價值。

　　基於這個衡量標準，企業有必要從組織架構、產品開發、激勵制度、銷售模式等各個層面，進行「以顧客為中心」的策略轉變。在公司組織架構上，以往是圍繞產品線來進行設計，現在需要針對顧客群進行設計；在激勵制度上，過去是

基於產品開發和銷售情況來給予獎金，現在需要依據從某個顧客群中獲得多少利潤來額外獎勵。

有了這些轉變之後，企業的經營理念就會變得更加靈活。比如，對於銷售團隊來說，之前最重要的任務是推動產品暢銷；現在的做法，則是要利用資料發現哪些是好顧客，哪些是一般性顧客甚至是壞顧客。

同樣，公司高層的決策也要有更具體的依據。像是對每一次行銷活動獲得的顧客進行記錄和追蹤，了解哪一類活動帶來的好顧客更多，以作為舉辦同類活動的參考。

思考練習

回顧以往，你是否有「將壞客戶當成上帝」的經歷？並由此衍生出一連串的麻煩？如果今後還有類似的情形發生，你會如何應對？請思考這些問題，並將想法寫下來。

本章重點總覽

■ 任何目標的提出都是為了解決問題。而所謂問題，就是現實與理想之間的差距。這是管理者工作的起點，也是其職責。

■ 每個企業、每個管理者都需要內部批評者──那些有勇氣敢唱反調的人。

■ 只有真正了解客戶的壓力與挑戰，並為其提升競爭力，客戶才會與企業長期合作。

創

新

05

INNOVATION

24 不要幫創新 設定框架

> 如果說有哪件事毀掉最多的創新，
> 那就是六標準差了。

——諾華生物醫學研究中心（Novartis Institutes for BioMedical Research, NIBR）總裁
費思民（Mark Fishman）

　　無論是新企業，還是百年以上或達到全球規模的優秀公司，創新都是它們不可或缺的發展元素。然而，某些管理者還是認為創新是個虛無縹緲、難以捉摸的名詞，專注於創新並無法取得立竿見影的效果，因此，很多企業仍不願意在它身上花費過多的時間和精力。

　　但也有管理者試圖創新，他們擬定相關的制度，設計一套流程，意即對創新的方式實行標準化和持續改進。對於這種做法，許多人並不贊同，著名的諾華生物醫學研究中心總裁費思民說：「如果說有哪件事毀掉最多的創新，那就是六

標準差了。」

六標準差（six sigma，也譯為六西格瑪），是一種改善企業品質流程的工具與程序，是商業管理的戰略之一。費思民的意思是：創新管理流程會扼殺創新。

越是想支配、管制員工的創新行為，越容易適得其反。唯有給員工自由的空間，他們才能最大限度地發揮潛能，提出有創意的想法。

谷歌公司曾展開過一項內部調查，其結果頗具啟發性。即對兩類創意的開發過程進行追蹤，一類是公司管理者支持的，另一類是員工沒有任何奧援的情況下自行完成的。結果發現，後者的成功率更高。這項分析說明了創新是一種順其自然的事情，刻意為之反而會大打折扣。

該如何對待想管理又不能被管理的創新？怎樣做才能激發員工的靈感，促使大家積極創新？

為員工提供充分的創新動機

幾乎所有的創新動機，都源於對公司現狀的不滿，或是企業遭逢危機，急需大刀闊斧的改革。

Litton 是一家位於蘇格蘭的公司，主要業務是為電腦組裝主機板系統。1991 年，喬治・布雷克（George Black）臨危受命，負責其戰略轉型。他說：「我們曾是一家前途暗淡

的公司，與競爭對手相比，我們的組裝工作毫無特色。唯一的解決辦法就是採取新的工作方式，為客戶提供新的服務。這是一種刻意的顛覆，也許有些冒險，但別無選擇。」

在這種情形下，布雷克推行了新的業務方案，每個方案中的員工，都要致力於滿足客戶的所有需要。他們努力學習製造、銷售、服務等一系列的技能。這種創新產生極大的迴響，為公司贏得了客戶的信賴，員工的離職率也大大降低。

即便企業在競爭中披荊斬棘，發展得十分順利，管理者也要居安思危，為員工提供創新的動機。如經常向員工傳達面臨同業競爭的壓力，或客戶對產品的不滿，促使他們主動去創新與完善服務。

■ 為員工保留寬廣的創新空間

創新需要空間，有了空間，思想才能自由拓展。反之，如果企業讓創新與績效接軌，或員工在意管理階層的意見和評價，甚至刻意去討好，那麼創新依然是換湯不換藥，難以形成真正的企業文化，也就無法取得實質性的效果。

明智的做法是，企業所組建的創新團隊，應該是向全體員工開放的，且無須用績效考核的緊箍咒約束他們，如此才能讓員工感受到創新是自由的、安全的，進而敢大鳴大放、天馬行空。

為員工釋出充裕的創新時間

創建於 1902 年的美國 3M 公司（Minnesota Mining and Manufacturing Company），有一個不成文的規定，即允許員工有 15％的私人時間，且在這段期間，誰有好的點子，誰就能獲得重賞。在這種激勵措施和充裕時間的雙重刺激下，3M 公司才有今天的創新模式和傲人業績。

管理者要認識到，創新的產生不是一蹴可幾的，而是在不斷地實踐和試錯中逐漸發酵。因此，從創意到創新所需要的時間不可預期，企業必須多一點耐性讓員工磨練。要知道，當員工無法靜下心來思考問題時，他們是不太可能拿出好辦法的。當然，除了時間，還需要更多的自由度。

激勵員工發揮最大的潛能

研究表明，為員工提供智力挑戰，給予充分、獨立的工作自主權，鼓勵他們接受失敗，並從失敗中學習，並營造良好的環境，這對提高創造力很有幫助。有調查指出，那些從事創造性工作的員工，非常在乎管理者的態度，如果管理者公開對他們表示認可，這將比直接給獎金更能激勵他們。

在員工創新過程中，管理者有必要保護他們，不讓其置身於充滿敵意和反對的環境中，並為這些人掃除障礙，這樣能最大限度地激發他們的潛能。

■ 管理者要發揮自身的驅動作用

任何一種企業文化的塑造，都是由管理者發起的，然後自上而下實施，透過先僵化、後優化和再固化，最終達成一致的文化。在變革的當下，考驗的是員工的創新能力，更是測試管理者推動創新的決心和勇氣。聰明的管理者應該充當創新的尖兵，積極走在隊伍的前頭，而不僅僅把口號掛在嘴上。記住，員工往往不在意你怎麼說，說了什麼，而是看你到底在做什麼。

總而言之，創新的過程是漫長而艱辛的，而且結果往往不可預知，這就需要企業為創新留有充足的空間和時間，上下同心，前後一致。創新不在於一時的成功，而在於讓它成為企業和員工的一種習慣。

　　我個人有一些培養創造力的小妙招,在此分享給大家參考和借鑑。

● 練習 1. 讓自己處於放鬆狀態:花點時間做些能帶給自己愉快、歡樂的事情,如幻想、沉思、散步、游泳、垂釣、唱歌等,在這個過程中,及時記下一些奇思妙想,作為創新的引子。

● 練習 2. 常懷感恩之心:想一想,是什麼賦予你積極向上、源源不斷的能量與活力,從而使你心懷感激?當看到生活中的點滴美好時,你是否會產生溫暖?這些溫暖和愛會幫助你打開創造之門!

● 練習 3. 閉上眼睛去想像:閉上雙眼時,腦海裡可以看到栩栩如生的畫面,這是激發想像力一種很有效的辦法。你可以想像自己在一個場景中,去注意各種色彩、質地,或去觸摸、去聽、去聞等等。

● 練習 4. 專注於當下:每一位藝術家或音樂大師都會告訴你,當他們在創作時,腦袋裡沒有任何雜念,完全沉浸於當下,感受意識的流動。你也可以嘗試這種辦法,試著專注於當下,清空自己的大腦。

● 練習 5. 尋找創新的靈感：試著去旅行、閱讀、參觀美術館，來激發創新的靈感。

● 練習 6. 塗鴉或畫圖：塗鴉或畫圖能促使你從不同角度觀察事物，而在觀察中，則必須做到專注、細緻，連帶激發出自身的創造力。

● 練習 7. 尋找替代方案：要解決一個問題時，試著從不同角度，尋找不同方法。即便你認為某種方法是最好的，也可以試著問自己：是否還有更好的方案。請在心理上建立起一種態度——總有一種方法可以替代，縱使它們看起來都「不可行」。

● 練習 8. 把思考的過程記在紙上：準備一疊活頁紙，或一個小筆記本，專門記錄大腦裡不經意間冒出的詞語、想法、創意。有時候，你需要把多種元素用一條線串聯起來，幫它們建立起某種邏輯關係。我經常這麼做，有時候覺得它們之間根本風馬牛不相及，但經過思維過濾，最後一篇很有邏輯性、飽含新意的文章就寫出來了。

25 培養發生故障時的復原能力

對所有創業者來說，永遠要告訴自己一句話：從創業的第一天起，每天都會面對困難和失敗，而非成功。最困難的時候還沒有到，但有一天一定會到。

——阿里巴巴創辦人馬雲

　　心理學家曾做過一個實驗：在替小小的縫衣針穿線時，越是全神貫注，越不容易穿入。這種現象被稱為「目的顫抖」（或謂「穿針心理」），即目的性太強，反而不容易成功。

　　很多事情我們都沒有百分之百成功的把握，既然如此，何不先做好失敗的準備？對管理者來說，如果失敗了，可能會失去成功，失去榮譽，失去職位，失去未來發展的機會，甚至是周遭的尊重和信任……這未嘗不是一種風險管理意識的體現。身為一名管理者，有必要在以下各方面做好相應的風險管理：

1. 專案風險

從專案啟動開始，就會有許多不確定的因素或風險出現，它們可能導致專案超過預算、延期或失敗。所以，管理者應該不斷思考可能存在的危機，注意規避風險，或減少它們的影響。

2. 客戶風險

客戶是企業的命脈，如果他們意圖轉單，那就麻煩了。因此，如何維護彼此的關係，留意其最新動態，並想方設法提供更好的產品或服務，是企業高層應該重視的課題。

3. 聲譽風險

每個公司都有自己的品牌和形象，良好的聲譽能為企業帶來許多無形的價值，需小心呵護。如美國高盛集團就曾遭遇聲譽受損，原因是當時公司某位管理者擅自作主，使一些決策被認為有悖於關心客戶的宗旨。結果，替公司招來了危機。作為管理者，要警惕自己的行為是否會損害公司的聲譽，一旦事情發生，也要積極做出補救措施，預防後續風暴擴大。

此外，還有預算風險、供應商風險、用人成本風險等，都是管理者不容疏忽的。對於這些風險，除了未雨綢繆外，管理者以及企業的每一名員工，都應該學會如何承擔風險，才能更有信心和勇氣去從事創新和突破性的工作。

📑 提前做好失敗後的備選方案

現代管理學之父彼得·杜拉克曾說過，「任何一項沒有備選方案的決策，都是賭徒式的孤注一擲。」

在決策和計畫時，管理者應認識到：沒有哪一種方案是百分之百成功的，因此，在確定最佳策略之後，還應做好備選方案。一旦最佳策略遇到阻礙行不通，備選方案就要馬上替補。這樣就不至於臨時抱佛腳，陷入慌亂之中。

谷歌產品高級副總裁喬納森·羅森伯格說：「一個領導者的工作不是為了防止風險，而是建立在發生故障時恢復的能力。」言外之意，就是在風險出現之後，應該有一套科學的應急措施，確保損失降至最低，而這就是備選方案存在的必要性。

📑 勇於接受失敗，並承擔責任

加拿大艾維商學院（Ivey Business School）組織行為學教授傑拉德·賽基斯（Gerard Seijts）曾表示，在很多企業裡，管理者往往喜歡標榜自我，認為自己是公司的權威。當他們犯錯時，會把責任轉嫁他人，然後繼續工作，並希望旁人不再追究。

然而，當一位成熟的管理者要做的，乃失敗時，不是急於找個代罪羔羊，或忙著開除員工，而是將失敗視作團隊的

集體損失，並勇於承認是自己制定的決策，至少也是本身同意過的。

管理者也要確保員工願意在失敗之後進行檢討，並明白告知檢討的目的不是要尋找戰犯。與此同時，也應該毫無顧忌地把自己該承擔的責任告訴上司或老闆，這樣才不會讓下屬產生心理負擔。

透過一連串的客觀檢討，能重新凝聚大家的向心力，相信公司會越來越好。也可和員工商討新的解決方案，一同努力，讓團隊成員攜手走在正確的道路上。

■ 尋找失敗的原因，總結經驗教訓

20 世紀 80 年代末，時任蘋果公司執行長的約翰・史考利（John Sculley），批准一個名為「牛頓」的專案。事實上，這就是早期的 iPad。由於看好這款產品的未來前景，史考利決定投資一億美元來發展。

然而，由於當時的手機網路並不發達，上網管道非常有限，因此「牛頓」的實際用途並不多。也就是說，它是個超前部署的項目。蘋果公司將「牛頓」的年銷量設定為 100 萬台，但實際成果僅 5 萬台。1993 年，蘋果公司因利潤大幅下滑，史考利被迫離職。

「當時真的很難堪，我內心極度受挫。」回憶起那段往事，史考利這樣說道，「我花了好幾年時間才走出那段陰影，

這的確對我打擊很大。」但經過一段時間的反思，史考利以全新的角度來看待那次失敗，並從中汲取經驗，納入日後各項決策的參考依據。

很多管理者都經歷過失敗，能夠從失敗中走出來，取得更大成就的人，其祕訣就是接受它，並得到經驗、承擔教訓，然後調整方向，揚帆起航。

26 認真聆聽，不要急於否定

不要輕易、當面否定別人。
要學會整體肯定、局部否定。
要學會對事不對人。

——公共關係專家金正昆

很多人認為自己的想法很好，對別人的想法總是採取「消滅」的態度。尤其是企業管理者，對待下屬不同的意見，很容易充耳不聞，假裝沒聽到。因為他們習慣性地認為，與自己相左的意見就是負面的，且是有意挑戰自己的權威。這種思維習慣是從小養成的。

看看小孩子，當他向爸爸提出不同看法時，爸爸馬上臉色一沉，說：「你是爸爸，還是我是爸爸？」孩子趕緊逃開，從此在心裡有一種渴望——早點當爸爸，因為他的權力很大，意見沒人敢反對。

事實上，存在不同的意見在所難免，而且它們並非沒有可取之處。相反的，很多時候倒是可以幫助管理者完善決策。

摩托羅拉公司創辦人保羅・高爾文（Paul Galvin），本身並不具有工程學方面的背景，但他雇用了最優秀的工程師。他鼓勵大家辯論，發表不同的意見，使每一個人都有表現自我的舞台。他委派員工承擔艱巨的任務，以刺激公司及員工在失敗和失誤中成長。

高爾文不會隨意按下「消滅」的按鍵，他喜歡傾聽和接納，樂意包容和鼓勵，這使得摩托羅拉形成一種良好的溝通和創新氛圍。這種氛圍最大限度地保證了決策的民主、理智、周全，不僅激勵了團隊，還讓公司繼續行駛在正確的航道上。

聰明的管理者應該眼觀四處，耳聽八方，廣採博取，綜合思考。這樣解決問題才會粗中有細、雜而不亂、得心應手。放下執著，敞開心胸，不僅有利於選擇一條捷徑，少走很多冤枉路，還能預防錯誤的發生。更可貴的是，創新的企業文化會慢慢顯現出來。

即使不同意別人的觀點，也不要急於否定

有人提出一個觀點，即使你不同意，也不要急於否定。首先，雖然你是對事不對人，但由於太快否定，會被誤認為針對他本人，他會覺得自己沒有受到尊重，而產生不愉快。其次，過於輕率否定，可能扼殺一個好點子，或許將來會後

悔。

不要輕易否定別人的意見，很多時候你會發現：那些不順耳、不喜歡的東西反而更有價值。因此，多點耐心聽聽別人怎麼說，也許就能聽出弦外之音。當聽完之後，如果還不認同，便可以這樣說：「如果我們按照你的想法去做，有兩個重點需要解決，你要不要先去調查一下？」或者自己私下去調查，補強證據，再找對方討論。

同樣的，當你向上級表達不同意見時，被他一口否決，也不必急於辯解，先聽一聽對方的觀點，也許他有更好的解決方案。試著站在他的角度思考問題，特別是遇到較大分歧的時候，一定要學會等一等、想一想，這樣不但有利於消除誤解，還能避免好的創意被扼殺。

不認同並不代表就是反對，你還可以選擇支持

法國啟蒙思想家伏爾泰曾說：「我可以不同意你的觀點，但我誓死捍衛你說話的權利。」作為管理者，不僅要尊重下屬有說話的權利，還應該適時接納他們的觀點。當無法確定下屬的方案是否行得通時，更要有勇氣支持他們去嘗試。這體現的是管理者的包容之心，以及對他人的信任和坦誠。

1983 年，李開復從美國哥倫比亞大學的電腦科學系畢業之後，進入了卡內基梅隆大學繼續攻讀博士學位。瑞迪教授

是其導師，乃語音辨識領域的專家，在當時，不特定語者的語音辨識系統（讓電腦能夠聽懂每一個人說出的話，最後達到機器和人對話的理想境界），還處於未突破的狀態。

瑞迪教授非常期待李開復在不特定語者識別系統上，取得突破性的研究成果，提高機器對人的語言識別率。當時他正努力開發研究「專家系統」，但尚未有進一步的發展。而李開復和同學們嘗試使用「統計學」的方法，來提高辨識率，並且取得了一定的成果，這大大增強了他的信心。

瑞迪教授從美國國防部得到 300 萬美元的奧援，從事不特定語者識別系統的研究，他在全美招聘了三十多位教授、研究員、語音學家，準備啟動這個有史以來最大的語音專案，他希望李開復加入這個團隊，和大家一起在「專家系統」方面取得突破性的進展。

但李開復不想加入這支隊伍，而是想繼續採取統計學的方法來研究。當他猶豫再三、思量許久，將自己的想法告訴瑞迪教授時，卻得到這樣的回答：「你對『專家系統』和統計學所提出的觀點，我是不同意的，但我仍支持你用統計學的方式去做，因為我相信科學沒有絕對的對錯，任何人都是平等的。而且我更相信一個有熱情的人，是有可能找到更好的解決方案的。」

那一刻李開復非常感動，他沒想到瑞迪教授在自己唱反調時沒有動怒、沒有反對，反而給了他經費上、情感上的極大支持。這種寬容以及對科學的態度，讓李開復感受到一種

無法言語的偉大力量。「科學面前、人人平等」的思想深深影響了李開復，使他一直秉持著「我不同意你，但我支持你」的包容之心。

■ 保持虛心求教的態度，
　主動吸收別人好的想法

身為企業管理者，首先要承認自己不是萬能的，雖然有專長，但不代表什麼都懂。對於不懂的問題，要放低姿態，虛心求教，主動吸收別人好的想法。孔子都不恥下問了，何況我們普通人？主動向別人請教，不僅能讓你獲得更多有益的想法，還能幫你贏得眾人的尊重和好感。

27 創造「Yes」文化

你需要打造樂觀和積極思考的環境。

——谷歌產品高級副總裁喬納森・羅森伯格

　　組織會生成抑制變化的抗體，這就是大公司為什麼會停止創新的原因。如果有員工追求創新，就會像病毒一樣被抗體「殺死」。在這種情況下，好的領導者應該對新的 idea 說「Yes」，讓公司遠離惰性。因為悲觀主義者不會改變世界，只有積極樂觀可以。

　　矽谷天使投資人＊吉爾・佩奇曾說過：「當你打算創業，組建一個團隊，要面臨的挑戰不是批評，也不是憤怒和詆毀，而是冷漠。如果沒人在意你，也就不會有人來說你愚蠢，他們只是冷漠地走開。」

1964 年，美國社會心理學家拉塔尼（Bibb Latané）和達利（John Darley），針對一起有 37 位目擊者、竟無人報警的凶殺案，提出了「旁觀者效應」；即大家認為圍觀的人那麼多，一定會有人伸出援手，所以自己不必出面。這就導致了眾人一起看著問題惡化，最後走向無法挽回的地步。

　　企業裡也存在類似的情形，不想「無事生非」的氣氛彌漫在辦公室裡，導致員工的創新能力和解決問題的能力被嚴重侵蝕。這種冷漠的態度具體表現為：團隊成員不愛發言，不論領導者說什麼，他們都會不假思索地認同。因為不這樣做，會被大家當成異類。

　　在我看來，企業內部的冷漠文化（「No」文化）非常可怕，它可以殺死一顆顆積極向上之心、一個個大膽美好的創意，讓組織陷入無止盡的沉悶和壓抑之中。在這樣的氛圍下，大家根本沒辦法談創新，也無法高效工作。

　　鑑於「No」文化的重重危害，很多團隊都在積極尋求妥善的應對策略。網路調查平台 Qualtrics 的業務負責人德魯・漢森（Drew Hansen）表示，很多企業的做法是保證意見交流的「量」，放寬對意見「質」的要求，試圖用這種辦法營造輕鬆的氛圍，並且避免各種形式的批評。但是漢森指出，這只是在向「No」文化妥協，並不能徹底喚醒團隊成員的獨立思考精神。

▌ 一、提出問題——適當的問題刺激大家發言，並帶頭打破沉默

　　適當的話題，是充滿創造性討論的起點。當團隊中的異類挺身而出，管理者如果能對他們表達最大的善意和肯定，並帶頭打破沉默，引導大家參與進來，那無異是對異類最大的獎賞。

　　在過去 20 年，一直專注於分歧與創新之間關係研究的查蘭・內梅斯（Charlan Nemeth），是美國加州大學柏克萊分校的教授，她發現在集體討論中，只要有人身先士卒，就會有更多人開口表達自己的想法和意見。

　　內梅斯發現，當團隊成員開始提出真實意見時，解決問題的方法就會此起彼落發生碰撞，從而刺激更多新的想法產生。這就是谷歌、雅虎等公司不斷鼓勵員工表達己見，參與討論的原因。成熟的團隊領導者不會擔心內部出現分歧，反而樂見其成。

　　我建議，在討論問題的時候，管理者有必要向大家傳達這樣的資訊：任何一方的意見被認可，不代表另一方的意見被否定，因為解決問題的策略還有很多。這樣大家就不會帶著包袱去發言，而且無論想法和意見多麼幼稚可笑，管理者都應輕鬆以對，甚至陪著他們哈哈大笑，營造討論中亦能感受到快樂的氛圍。

▋ 二、徵詢意見——先保留自己的想法，徵詢下屬的意見並多說「Yes」

無論是誰提出問題，接下來管理者要做的就是徵詢大家的意見。即使沒有太出乎意料之外的好點子提出，管理者也應對下屬的 idea 多說「Yes」，即便最後沒有採納，也能進一步強化團隊溝通的戰力。

保留自己的想法，先徵詢下屬的意見，不僅可以讓他們在思考過程中逐步變得成熟，且在後期執行過程裡，因想法被採納而充滿推動的熱情。更重要的是，有時候他們的意見真的比管理者高明許多。

▋ 三、充分授權——傳遞信任、信心和期待，解放管理者、釋放員工

在熱烈討論結束、確定解決問題的方案後，管理者應該授權給合適的下屬去執行方案。授權本身能夠傳遞一種信任、信心和期待，所以當他獲得授權，滿懷自信、昂首闊步地走出辦公室時，就有理由相信他會全力以赴，不負所望，交出滿意的結果。

▋ 四、保持關注——了解事情的進展，與下屬一起應對任何突發情況

很多管理者認為完成以上三點，就能靜待佳音。然而，很多時候等來的是不盡人意的結果。我們不得不承認，任何事情的發展都是動態的。事中不關注、事後才諸葛的管理者是惹人厭的。

高明的管理方式是，授權給下屬之後，要對執行狀況保持高度關心。一方面可以表達對這件事的重視；另一方面要有心裡準備，隨時應對任何突發情況，以確保他最後圓滿達成任務。

■ 五、支援前線——提供下屬支持和幫助，以完成任務為優先

很多管理者喜歡說：「我不管過程，別找理由，我只要結果。」可是，如果他們不重視過程，又如何能收穫好的結果呢？

在執行過程中，下屬可能會遇到始料未及的棘手難題。這個時候，如果管理者擺出一副「只要結果」的姿態，顯然是不負責任的，也是愚蠢的。

在他們最需要支援的時候，管理者應該立即出馬，客觀地評估困難，提供必要的協助。這樣才能確保任務執行到位，並與下屬建立恆久的信任關係。

■ 六、工作評估——幫任務畫上完美的句號，給下屬應得的獎勵

經過一段時間的努力，任務執行完畢。這個結果讓你滿意，或是差強人意，抑或是非常不滿意？更重要的是，在這段過程中，下屬是否獲得成長？你又準備如何激勵他們，或獎賞，或教育，或懲罰？

我的建議是，無論他們的執行是否到位，一旦表現出強烈的責任心和努力的拚勁，管理者就應對其不吝讚美，還有必要根據企業的獎勵機制，給予物質或精神上的獎勵，以保護員工的積極性，強化團隊「Yes」的文化。

不難看出，以上 6 個激勵員工的策略是環環相扣的，這一系列的管理過程，都離不開管理者鼓勵、賞識、包容的態度。正因為這種態度，才是企業創造「Yes」文化的關鍵。

---

*註　天使投資人（Angel Investor）又被稱為 Business Angel，是指於新創公司創立初期就開始投資的投資者，這些人可以在未來獲得有價債券或所有權益。他們並不會過多干預公司的營運，且每筆投資是以小股的形式，分散至不同的新創公司，以多投的方式分散投資的風險。除了提供金錢的幫助之外，天使投資人也會帶入一些人脈或是機會。某種程度上，他們會肩負輔導與顧問的角色，替新創公司尋找資源或是聯繫其餘投資者。

28 讓搞砸事情的人
寫事後總結

良好的判斷力源於經驗，
而經驗則往往來自錯誤的判斷。

——電影《極速秒殺》（The Mechanic）中的台詞

有位年輕人問智者：你的智慧從何而來？

智者說：來自精準的判斷力。

年輕人又問：精準的判斷力又來自哪裡？

智者說：來自經驗的積累。

年輕人再問：那你的經驗又從哪裡來？

智者說：來自無數錯誤的判斷。

這段對話反映出來的就是「經驗判斷法」，即根據過往的經驗來判斷當前的事物。如果一個人善於觀察、勤於思考和懂得運用經驗，那麼他將會在創新之路上走得更遠。

韓國三星集團的創辦人李秉喆，小時候家境清寒，為了生計，只好上街賣報紙。他找到派報社老闆批發報紙，對方問他要多少份。他羞澀地問：「別的孩子能賣多少份？」老闆笑著說：「這可說不準，少的幾十份，多的幾百份，但批發太多沒賣出去，是要賠錢的。」李秉喆想了想說：「那就100份吧！」老闆有些吃驚，但還是給了他。

　　第二天，李秉喆又來批發報紙，老闆納悶地問他：「昨天的都賣完了？」

　　「賣完了，今天我想要200份。」李秉喆回答。

　　第三天，李秉喆開口就要300份報紙，老闆十分訝異，決定跟著他，看他是怎樣賣報紙的。只見李秉喆到了車站後，沒有像別的孩子那樣四處叫賣，而是不停地把報紙往候車的乘客手中塞，等一個區域的乘客發完了，再回來收錢，然後到另一個區域如法炮製。

　　事後老闆問李秉喆：「會不會有人不給錢就跑了？」

　　「有，但特別少，因為他們拿了我的報紙，就不好意思坑一個孩子的報紙錢了。和其他人相比，還是我賣得最多！」李秉喆非常自信地說。

　　李秉喆敢用不一樣的方法賣報紙，關鍵在於他精準的經驗判斷——乘客看了報紙之後，就不會刻意不付錢，尤其賣報紙的還只是一個孩子。這種欲取先予的方法，就是一種創造性的銷售模式。

「良好的判斷力源於經驗，而經驗則往往來自錯誤的判斷。」這是電影《極速秒殺》中的一句經典台詞。在工作中，我們應該重視經驗累積，不只是成功的經驗，還包括錯誤的經驗。

■ 一、失敗的經驗──將失敗作為一種財富，而不是詛咒

很多企業高層和員工害怕犯錯、拒絕失敗，在這種心態下，很難做出突破性的創新。

有位管理者曾向我吐苦水：「我們公司需要更多的創新，也期待員工能有創造性的思考，但沮喪的是，這類員工極為罕見。」

我問他：「創新是有風險的，你們如何對待這種風險？也就是如何看待創新的失敗？」

他表示，從來沒有認真思考過這個問題，因為直覺告訴他：「失敗是不好的事情，應該努力避免發生。」此話一出，我馬上明白他的公司為什麼看不到創新。

不幸的是，像他這種對失敗「另眼相看」的人還有很多。很多企業努力追求創新，卻想方設法避免失敗，原因很簡單，因為失敗是詛咒，不能讓他們達到目的，也很難堪。然而，在真正創新的公司裡，如果追求100％的成功率，意味著無法做出任何創新的嘗試。

美國矽谷，這個在世人看來是個「成功大本營」的地方，每年都有無數個失敗案例發生。從某種意義上來說，是失敗將矽谷打造成高科技的舞台，失敗是其最強的優勢。一個失敗的產品或一家倒閉的企業，都會儲存在矽谷的集體記憶中。在這裡，人們不會嘲笑創新者的失敗，而是包容、讚美、學習。一些風險投資者甚至會專門從企業的簡介中搜尋失敗的經歷。

領英（Linkedin）創辦人里德‧霍夫曼（Reid Hoffman）說：「如果你第一次發表的新產品，沒讓你難為情的話，就說明你發布得太晚了。」這句話在矽谷得到很多人的共鳴。真正的創新者都明白，失敗是必不可少的。如果你失敗了，說明你在做正確的事情。幾乎所有的創新，都是從失敗中不斷檢討、學習得來的。失敗並不是產品或服務的錯誤，而是它穩步提升的過程。

重視創新的領導者應該鼓勵失敗，且必須告訴員工：每一次失敗都是財富，也是通往成功之路的重要一步。然後，給員工創新的自由空間和失敗的機會。只有讚美失敗的企業，才配得上擁有真正的創新。

要想改變害怕失敗的心態，我建議做到以下兩點：

第一，迅速將新思路轉化為實際的產品和方案，把抽象落實到具體，讓大家看到想法化為成果。要知道，並不是所有的原始思考，最終都能成為最好的解決方案，越是害怕失

敗，越應該讓想法得到實踐的證明。

第二，透過某些方法，讓員工不得不想出更好的解決方案。資源匱乏往往是創新之母，例如，百威英博（Anheuser-Busch InBev）每年都會削減預算，來刺激市場部門積極創新。

💬 二、聰明的失敗──雖敗猶榮的嘗試，應得到相應的獎勵

失敗有「愚蠢的失敗」和「聰明的失敗」之分。前者即一些低級的、本可避免的失敗；而後者則是經過精心策畫，只是因為某種原因功敗垂成。作為管理者，要勇於界定聰明的失敗，且應該讓它贏得掌聲和鮮花，以及相應的獎勵。這樣做的目的，就是告訴員工：企業允許創新失敗，歡迎大家積極創新。

例如，印度塔塔（Tata）集團的「創新遠景」專案，不但會頒發年度最佳創新獎，還有最佳嘗試獎，以鼓勵那些做了周全思考和良好執行，但失敗的專案。

2008 年，塔塔集團首次推出這個獎項時，幾乎沒有團隊入圍。後來，大家看到獲獎者和其他獎項得主，一同得到公司 CEO 的讚揚，才開始注意它的重要性。到了 2011 年，有132 個團隊入圍這個獎項。這項人性化的表彰，改變員工對於冒險的價值觀，創新的點子當然也就越來越多。

■ 三、分享失敗——對於失敗的經歷，
要坦誠分享而不是隱藏

　　無論你是普通員工，還是企業管理者，任何冒險經歷和失敗案例都應透明化，讓身邊的人都知道，並從中檢討總結、汲取教訓。尤其是領導者，更應該主動分享失敗的經驗。

　　除了可以讓下屬認識到失敗是很正常的事情，也能讓他們看到你對待失敗的態度。另一方面，透過你對失敗經歷的總結和思考，能將有價值的經驗傳承，使下屬得到教育和警醒，並提醒自己在創新過程中避免犯同樣的錯誤。

你的經驗判斷力如何？

　　經驗判斷力就是根據生活和社會經驗，快速做出判斷的能力，這種能力關係到辨別是非、好壞、真假的強弱。以下有 3 道題。

Q1. 找出下面段落中的邏輯錯誤：一年有 365 天，趙先生每天睡 8 個小時，占用時間 122 天，只剩 243 天。他每天上下班通勤要一個小時，閱讀、娛樂還要花掉 7 個小時，這樣一來，一年又用掉 122 天，剩下 121 天。除去 52 個星期日，還剩下 69 天，但是每天吃飯要一個小時，15 天又沒了，目前剩下 54 天。此外，趙先生週日還要休息半天，等於再砍掉 26 天，算下來剩餘 28 天。但他的公司一年中有 9 個法定假日，所以，上班時間只有 19 天。

A. 這篇短文中提到趙先生上班、下班，這樣他當然在工作，因此短文的說法自相矛盾。

B. 這篇短文中將某些時間重複計算。例如，全年的睡眠時間被除去了（共 122 天），但是睡眠時間也包括在 52 個星期日中。

C. 這篇短文是不正確的，因為一個上班族不會每天花 7 個小時在閱讀和娛樂上，如果趙先生能省下閱讀和娛樂的時間，就可以有更多時間上班。

D. 我糊塗了，答不出來。

Q2. 根據原子能研究發展的情況，你估計科學家還要多少年才能將金的原子核撞開？

A.50 年

B.1000 年

C. 大約 200 年

D. 永遠辦不到

E. 無法回答，因為誰都答不出來

Q3. 英國一家公司生產了一種鋼筆，總數為 1400 萬支，83％的鋼筆長度超過 5 英寸，其他的不到 5 英寸（一英寸約 2.54 公分）。如果把這些鋼筆首尾連起來，長度是多少？

A. 大約 1400 公里

B. 大約是太平洋寬度的一半

C. 在 1400 ～ 1500 公里之間

D. 在 1600 ～ 1700 英里之間

E. 答不出來

【參考答案＆結果分析】

第 1 題答案為 B，第 2 題答案為 E，第 3 題答案為 E。

● 一題都沒有答對：你的經驗判斷力有待提升。

● 只答對一題：你的經驗判斷力還好。

● 答對 2 題：你的經驗判斷力屬於中等偏上。

● 全部答對：你的經驗判斷力很出色。

本章重點總覽

■ 創新的產生不是一蹴可幾的，而是在不斷地實踐和
試錯中逐漸發酵。除了時間，還需要更多的自由度。

■ 對所有創業者來說，永遠要告訴自己一句話：從創
業的第一天起，每天都會面對困難和失敗，而非成
功。最困難的時候還沒有到，但有一天一定會到。

■ 不要輕易否定別人的意見，很多時候你會發現：那
些不順耳、不喜歡的東西反而更有價值。

■ 悲觀主義者不會改變世界，只有積極樂觀可以做到。

■ 良好的判斷力源於經驗，而經驗則往往來自錯誤的
判斷。

成

長

06

GROWING

29 常學常新，
發掘自己的無限潛能

你永遠沒有走出校門，應接受的教育也從未結束。
你必須學會謙卑，因為不知道的東西還有很多。

——谷歌產品高級副總裁喬納森·羅森伯格

在美國東部一所大學期末考的最後一天，一群學生興奮地擠成一團，互相討論幾分鐘後即將開始的考試。他們的臉上充滿自信，因為這將是他們畢業之前最後一次測驗。

有些人已經找到了工作，有些人還在談論想找的工作。帶著多年學習所獲得的知識，他們感覺完全準備好了，並且能夠征服世界。這群準畢業生知道，測驗不過是一種形式，很快就會結束，因為教授說過，他們可以 open book。唯一的要求是，考試時不准交頭接耳。

測驗開始了，教授將試卷發給大家。A4 紙上只有 5 道申

論題，大家更是笑得合不攏嘴，以為這些題目很簡單。可是3個小時過去了，當教授開始收卷時，卻沒有任何一個人有自信遞出考卷，他們的表情不再輕鬆自然，反而臉上有一種恐懼感。

教授收完試卷，問說：「完成5道題的人請舉手！」沒有一個人舉手。

「完成4道題的人請舉手！」還是沒有人舉手。

「3道題？」學生們開始有些坐立不安。

「那一道題？」教授繼續發問，但整間教室仍然沉默不語。

就在大家猜測教授接下來會如何表達失望之情時，他卻說：「這正是我期望得到的結果。我只想透過這次測驗告訴大家，即使你們已經完成4年專業的課程學習，仍然有很多不知道的領域等待探索，剛剛那些回答不了的問題，未來會與你們的生活息息相關。」

停頓幾秒後，教授補充道：「你們放心，每個人都可以通過這次考試。但是請記住，即使畢業了，還是有許多東西才剛剛開始。」隨著時間的流逝，教授的名字慢慢被大家遺忘了，但他這堂課卻永遠銘記在學生心中。

你永遠沒有走出校門，應接受的教育也從未結束。你必須學會謙卑，因為不知道的東西還有很多。唯有透過不停地學習，才能明白成功的艱難。

■ 向工作學習──別老急著下班，思考如何提高工作效率

不知你是否有過這種經驗：面對雜亂無章的工作，無法在上班時間內完成，只得加班來解決。這種增加額外時間，而不是提高單位時間的工作方式，只會讓你被工作牽著鼻子走，陷入無限輪迴的疲勞狀態中。

1926 年，福特汽車公司創辦人亨利‧福特，曾做過一次非常有趣的實驗，他發現：當每天的工作時間由 10 小時減為 8 小時，上班日由 6 天減為 5 天時，工人的效率反而會提高。

事實也是如此，無論是從短期還是長期來看，一味地增加工作時間，效率反而會越來越低。也許熬夜的時候不覺得疲憊，但身體卻已經透支。久而久之，體內的負能量就會爆發。

我的建議是向自己的工作學習，不斷總結過往經驗，找到能夠提高工作效率的辦法，而不是故步自封、墨守成規，坐等被時代洪流淘汰。

■ 向優秀人士學習──取長補短，汲取營養

第一名可以教你如何成為第一名，但第二名往往只能分享第二名的經驗，因為他不是第一名。我的意思是，要尋找

身邊最優秀的人作為學習對象，以他們為榜樣。

公司裡優秀的前輩、主管、同事，都是可學習的目標。成功者的演講影片、文字著作等，也是能汲取營養的果實。在向他們學習時，要把握兩個重點：

重點 1.　學習優秀人士的思維模式

思想決定行動，有不同的思維模式，看待問題的角度和態度就會不一樣。當你與優秀人士交往，並了解他們的思考過程時，就能有更開闊的眼界去行動。

重點 2.　學習優秀人士的成長經驗

優秀人士在邁向成功之路上，往往經歷了許多挫折和逆境，無論是成功的經驗，還是失敗的教訓，都是不可多得的財富，值得我們去學習。尤其是走過的冤枉路、犯過的錯誤，在在提醒眾人小心謹慎。

▶ 向書籍學習──多閱讀，吸收別人的精華

如果身邊缺乏優秀人士，或者覺得從他們那裡學習有點困難，那我建議你多讀書、讀好書，從書籍中吸收養分。眾所周知，書籍是人類的好朋友，乃前人智慧和經驗的結晶，只要將書中的知識活學活用到工作中，就能如虎添翼、一飛沖天。

汽車大王福特年輕時，曾在一家機械工廠任職，當時的週薪只有 2.05 美元，但他卻捨得拿出其中的 2.03 美元購買機械方面的著作。等到結婚時，他沒有任何值錢的東西，只有一大堆五花八門的機械雜誌和書籍。正是它們，讓福特邁入他嚮往已久的機械世界，開創出一番偉大的事業。功成名就之後，福特說過這樣一句話：「對年輕人而言，學習將來賺錢所必需的知識和技能，遠比存錢來得重要。」

　　書籍的重要性無須多言，事實已經證明，願意主動學習的人，往往是成功之路的先行者。正如達爾文所言：「我的學問最有價值的地方，全是自己苦讀得來的。」

　　當然，這並不是否定學校教育的價值，而是說學無止境，即使畢業了，在社會大學裡還有許多值得學習的東西，只有透過積極主動的求知，才能為將來開闢一條康莊大道。

30 先學會成長，
才能為成功加分

> 每個人都想成功，但沒想到成長。
>
> ——德國作家歌德

謙卑與年齡成正比，傲慢則恰恰相反。為什麼？因為越成長，越會發現完成一件事的艱難。成功是每個人都想追求的，但在追求成功的同時，不能忘掉一個前提，即內心的成長。

所謂成功，就是逐步實現有價值的理想，達到白己期望的目標。而成長，則是一切事物走向成熟的階段發展，也是進階成功之路的必經過程。只有先學會成長，才能邁向成功。

我認為，要稱得上「成熟」，至少要做到以下兩點：

■ 一、清楚地認識自己，並好好規畫未來

認識自己，是每個渴望成長的人必須正視的課題，也是一個人成功的必要條件。因此，需要經常思考五個問題：

問題 1：我是誰？

問題很簡單，也很難回答。在每天睡覺前，你是否會經常問自己：「我是誰？我究竟是誰？」在多年的管理諮詢中，當我詢問諮詢者這個問題時，即便是企業高層，也回答不出來。想要知道答案，關鍵就在於認清自己的角色。

一個人在不同環境中，有屬於自己的獨特角色。在家庭裡，可能是父母，可能是孩子，還可能是妻子或丈夫；在職場中，可能是企業高層，可能是中階管理者，還可能是普通員工；在客戶面前，你的一言一行都代表公司。所以，不要籠統地回答「我是誰」，而要從「在……場合，我是誰」這個角度去思考。

如果你經常問自己這個問題，反思自身在家庭中所承擔的責任是否夠多、在工作中所付出的心力是否足夠，並發現自己的不足，積極地改善自我，你將會變得更加出色。

問題 2：我想成為什麼樣的人？

很多人走入職場，進入一個行業，坐上一個位置，都是偶然的。在他們「變身」上班族之前，從來沒有想過自己將

來要成為什麼樣的人，從事怎樣的工作。有些人覺得這樣還不錯，一切都順其自然。但如果想追求更大的成就，就不能隨心所欲，而應該經常思考：我要成為什麼樣的人？然後實現自己的想法，去做想做的那個人。

問題 3：離想成為的那個人還有多遠的差距？

當問完自己「我是誰」「我想成為什麼樣的人」後，你一定會迫不及待地幻想自己是那樣的人，但容我提醒：請停止幻想，回到現實，現在離成為那個人還有多遠的差距？已經具備哪些條件？還欠缺什麼？

問題 4：如何完善欠缺的條件？

很多人想到前三點就已經停止思考，或許是覺得距離太過遙遠。我建議，當你還有一定的差距，某些條件尚未滿足時，應該進一步想方設法：如何去完善欠缺？這一點非常重要，它是你認清客觀現實後的一次自我挑戰，也是必經之路。

問題 5：在實現目標的路上，覺得累了，你會如何應對？

努力做好前四點之後，剩下的就是行動了。在實現目標的路上，可能會遭遇失敗，可能會沮喪疲憊，可能會橫生枝節，這一切都必須積極面對。假使真的累了，你會如何應對？先未雨綢繆、想好對策，才不會遇到問題時輕易放棄。

二、清楚地認識工作，
　　端正心態並提高工作技能

　　認清自己之後，算是步入成長的第一階段，但仍需繼續努力向前邁進，即認識你的工作，並由此端正心態，儘量提高工作技能，讓自己成為既專業又出眾的職場生力軍。

建議1：不斷總結工作經驗，積極優化流程

　　優化工作流程是提高績效最有效的手段。任何一項工作，先做什麼，後做什麼，分幾個階段去完成，都需要經過工作經驗的總結將其固定下來，才能確保績效逐步向上。

　　美國某石油公司有一個年輕的員工，他的工作是巡視並確認石油罐蓋有沒有焊接好。當石油罐在輸送帶上移動至旋轉台時，焊接劑就會自動滴下來，沿著蓋子迴轉一周，作業宣告結束。他每天都要反覆注視焊接機的運轉上百次，十分枯燥乏味。然而，這個年輕人並沒有因此而厭倦這項工作，反倒不斷總結經驗、優化流程。

　　經過長期觀察，他發現罐子旋轉一次，焊接劑落下39滴，工作就結束了。他想：為什麼不能在38滴時結束工作？有沒有可以改善的地方？經過一番研究，他終於研製出「38滴型」焊接機。這次的發明很成功，每年替公司省下大約5億美元的焊接劑成本。這個年輕人就是後來的石油大王洛克菲勒。

　　每一項工作都有可以改善的空間，只要善於總結、勤於

思考，就能讓流程變得更簡化，效率變得更高速。有意識地改進工作流程，是一個員工應有的思維，具備這種思維，才不會被動得像機器一樣工作。

建議 2：養成準備的習慣，並時時請教他人

開始一項工作之前，你會積極先做準備嗎？例如，將工作所需的資料影印完成，向上司或前輩請教相關的工作經驗。如果每次都能積極準備，那麼將會少走很多冤枉路，並且獲得良好的工作成果。

我們公司有位新進同仁，和我一起參加一個專案洽談，我麻煩他起草一份合約。第二天，他將草約交給我，我看了之後非常不滿意，因為漏洞百出，甚至連行業裡基本的條款都沒有加進去。

他面露難色，坦承沒有這方面的經驗，不知道該注意什麼；他還說這份合約是參考好幾本相關書籍才寫的。我問他：「為什麼不用公司的制式合約？」這時他才恍然大悟。我提醒他：以後做任何事，要養成準備的習慣，並積極向他人請教，用別人的經驗來避免自己繞彎路。

事實上，「請教」也是準備工作的一個環節。我建議，不要覺得不好意思，真正不好意思的是，當你花了很多時間去做一項工作，卻把它搞得一塌糊塗，那才是最尷尬的。所以，為什麼不開口問呢？

建議 3：請示工作、解決方案，把選擇權留給主管

向主管請示工作時，不要只帶著問題，而沒有解決方案。千萬不要說：「老總，這件事要怎麼做？我靜候指令！」

明智的做法是要心中有數，至少準備三個以上的解決方案，這是一個合格的職場人士所應該具備的素質。

你可以這樣說：「關於這項工作，我認為有三個方案可以參考，方案一是……方案二是……方案三是……您覺得哪個方案可行？或者有其他指示？」這是經過你深思熟慮後的點子，會讓主管備感欣慰，並很有可能採納。對你而言，無疑是一種能力上的認可。

建議 4：以結果為導向來工作

工作時，要以追求好的結果為目標。切勿說：「反正我盡力了，做不好我也沒辦法！」公司聘請你不是要聽長篇大論，而是希望解決問題。因此，要養成凡事找方法，執行工作求結果的習慣。當你無法完成目標時，可以請教別人意見和方法，並適時回報狀況，尋求主管的支援和協助。

建議 5：彙報工作說結果，節省時間

在向主管彙報工作時，建議挑重點長話短說，切勿不分主次、沒有輕重，亂說一氣。

電影《列寧在 1918》中，有個片段很經典：瓦西里運送

糧食回來，列寧問他：「糧食來了嗎？」他說：「來了，一共 90 車。」事實上，瓦西里已經很久沒吃東西，餓得快不行了。但他很清楚，什麼是彙報的重點，一下子就完成任務。

成熟度測試！

Q1. 面對爭論時會怎麼做？

    A. 很少與人爭論，喜歡獨立思考各種觀點的利弊

    B. 只對自己感興趣的問題爭論

    C. 不喜歡爭論，儘量避免

    D. 隨時準備進行回擊，不甘落居下風

Q2. 如果輸掉了比賽，通常的做法是？

    A. 找出輸掉的原因，自我提高實力，爭取下次贏的機會

    B. 祝賀獲勝方，並表達欽佩之意

    C. 認為對方沒什麼實力，純粹靠運氣

    D. 勝敗乃兵家常事，無須放在心上

Q3. 和什麼樣的人容易意見相左？

    A. 有相當理由堅持己見的人

    B. 生活閱歷和自己不同的人

    C. 想法奇怪、難以理解的人

    D. 沒什麼文化知識修養的人

Q4. 當親人誤解、責怪時，會有什麼樣的反應？

    A. 一笑置之

    B. 克制自己，耐心地解釋和說明

    C. 心裡不高興，但不多說

D. 當下立即反駁，以維護自己的自尊

Q5. 談起自己的失敗經歷，會表現出怎樣的態度？
　　A. 如果有人感興趣，會坦然相告
　　B. 若在談話中偶然提及，會無所顧忌地講出來
　　C. 不願讓別人憐憫自己，因此很少談到
　　D. 為了維護自尊絕口不提，誰說誰倒楣

Q6. 當生活中遇到重大挫折，如被裁員時，會有什麼感受？
　　A. 調整目標和計畫，重新出發
　　B. 沒什麼大不了的，也許會因禍得福
　　C. 借酒澆愁，意志消沉
　　D. 認為這輩子完了，對自己失去信心

Q7. 對手相、測八字等算命行為有什麼看法？
　　A. 不相信算命能知道人的過去和未來
　　B. 算命的多數是騙子
　　C. 儘管知道算命屬於迷信，但還是常常一試
　　D. 發現算命很準，能了解過去、預測未來

Q8. 受到別人指責時，通常有怎樣的反應？
　　A. 分析別人為什麼會指責，自己在哪些地方有錯
　　B. 保持沉默毫不在意，事過境遷拋之腦後

C. 激烈爭執，為自己辯駁

D. 反唇相譏

Q9. 在大庭廣眾之下講話時，會有怎樣的表現？

A. 當成一次考驗，仍然精神抖擻

B. 儘管不習慣，但還是竭力保持神態自若的樣子

C. 因為緊張而結結巴巴，前言不搭後語

D. 無論如何會推辭，不敢嘗試

Q10. 對社會的看法是？

A. 不管社會如何，只要做好自己就問心無愧

B. 社會是複雜而迷人的大舞台，有許多現象值得研究

C. 只希望自己能生活得愉快

D. 社會上到處都有醜惡不公，逃得越遠越好

【計分方式】

選 A 得 4 分，選 B 得 3 分，選 C 得 2 分，選 D 得 1 分，然後統計出總分。

● **33 ～ 40 分**：非常成熟，能夠理智地看待周圍的人和事、生活和工作，不會輕易受影響或動怒。

● **26 ～ 32 分**：比較成熟，大多數時候能心平氣和。

● **18 ～ 25 分**：成熟度一般，也許是進入社會時間不長，還需要歷練。

● **17 分以下**：非常不成熟，想法和處事方式仍很幼稚。

31 管理越少，公司越好

管理越少，公司越好。

——奇異公司前 CEO 傑克·威爾許

「管理越少，公司越好。」這是奇異公司前 CEO 傑克·威爾許的一句管理名言，他認為事必躬親，只會累壞自己。透過委任、授權、觀察，可以不斷增加個人籌碼。作為一個聰明的領導者，身邊的員工需要知道他們在什麼地方比你優秀，這會增強他們的自信心。

只相信自己，不放心把工作交給別人，這是很多管理者的通病。它還會形成一種怪現象：上司喜歡從頭管到腳，越管越獨斷專行，疑神疑鬼。與此同時，下屬會變得綁手綁腳，對上司產生嚴重的依賴，把主動性和創造性忘得一乾二淨。

想當年我創業時，公司只有十幾個人，就數我最忙，經常同時接兩三個業務電話，還得安排進貨、送貨、結帳。每天最早來，最晚走。

　　有一次，表弟來公司找我，見我忙得不可開交，只好在一旁等著，等了半天也沒和我說上話，不禁感慨道：「表哥，我怎麼覺得你一個人在養活全公司的人哪！」

　　當時聽了這句話，還挺自豪的，感覺自己在公司的位置無可替代。那時候總認為自個兒是業務出身，銷售能力最強，且各方面的經驗豐富，對員工的工作能力還不放心。

　　結果，四到五年下來，事業仍在原地踏步，不僅自己累得半死，員工也很壓抑，一點小事情全推給我。眼見公司無法取得突破性的進展，我終於下定決心授權。

　　剛開始把權力下放時，員工的做事能力讓我捏把冷汗，明明能談得下來的客戶，硬是卡關，急得我想馬上衝過去幫忙，但還是忍住了，我告訴自己：不能操之過急，要給員工發揮的空間。否則，他們是不可能進步的。

　　過了一段時間，一切終於上了軌道，員工各司其職，令我非常滿意。客戶找我詢價買東西，我會告訴他們：「哎呀，這個價錢我不清楚，你問我們的銷售人員吧！」

　　由於從具體的業務中脫離出來，我不僅有時間學習和充實自己，還能經常出去走走，與同行交流，尋找更多的合作機會。最讓我欣慰的是，公司的業務沒有因為我的放手而停滯不前，反而比以前做得更好，利潤也大幅增加。

很多管理者都知道要授權，但真正實踐起來並不是一件容易的事。因為授權是一門技術，放到什麼程度最合適，且與監督之間如何平衡的問題，時刻考驗著管理者的能力。關於企業授權，比較常見的問題有以下幾種：

問題 1：責權不統一

企業高層在交代任務時，經常說：「今年銷售額要提高多少，成本須降低多少……」只明確目標和責任，卻沒有給予相對的權力。當問題出現時，下屬會認為自己沒有得到授權，因為「我要的資源上面沒給我，所以事情做不好不是我的錯。」

問題 2：制度缺匹配

有些企業會說：「我們的授權很明確，分公司多少任務，總監多少任務，部門主管多少任務……」看來好像是大家分工合作，但流程上最終的決定權還是在高層手中，因此，這樣的放授權形同虛設，出了問題也無法追究。

問題 3：過程無控制

我曾看過一家企業，轄下每個分公司都有一定的費用預算，但有的用不完，有的不夠用。為什麼會這樣？這其中的原因沒有細查，因為缺少了程序控制。

問題 4：有權不敢用

很多企業高層認為即使釋放權力，下屬也不會用。其實不是不會用，而是不敢用，因為權力意味著責任和風險，如果只是找人來墊背或犧牲，誰會願意呢？

如何避免以上幾種授權問題？管理者在授權時又應該注意什麼？

📑 一、不要用衡量自己的標準去衡量員工

為什麼老闆找不到能夠承擔責任的員工？我認為，關鍵在於他們喜歡用自己的標準去衡量員工。

我們可以假定 90 分為優秀，但老闆往往要求自己達到 99 分，甚至 100 分。而即便是企業裡最努力的員工，往往也無法保證把事情做到 100 分，於是老闆覺得他們不合乎自己的標準。

因此很多老闆對下屬不放心，越不放心，就做得越多；做得越多，經驗就越豐富，事情也做得越好。結果，老闆與員工的距離越拉越大，形成無法自拔的惡性循環。

事實上，即便老闆自己能把事情做到 100 分，但整個企業只有一個人 100 分。如果他能學會接受只能做到 70 分的員工，那麼即使員工僅有 10 或 20 人，也能做到 10 X 70 ＝ 700 分或 20 X 70 ＝ 1400 分的事情。

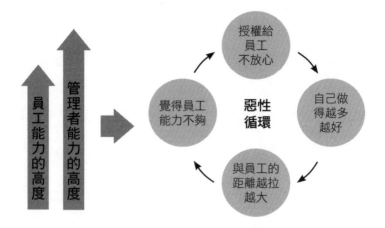

老闆想要打破自己 100 分的「瓶頸」，就必須學會接受 70 分的員工，並找到一條充分利用他們能力的途徑，這樣他們才有機會成長。員工像彈簧，老闆強他就弱，老闆弱他就強。打破惡性循環唯一的辦法，就是不用自己的標準去衡量員工。

■ 二、掌握授權的要訣

要訣 1：大小事都要授權

很多老闆或高層管理者，大事不敢授權，小事又不屑授權，如此一來，豈不忙壞自己？其實，授權不一定是大事，尤其對新進的員工，更應該從小事開始，以測試他們的工作能力和責任意識，也有利他們建立自信心。

要訣 2：先列任務清單再授權

授權前管理者可把自己每天要做的事情列一張清單，再根據「不可取代性」以及「重要性」的原則，將其他事情委派給下屬去做。這樣既可以擺脫無謂的忙碌，又能訓練員工。

要訣 3：找對人授權

授權時一定要找對人，才能確保工作取得預期的效果。如果員工能力達不到授權的標準，寧可不授權。

要訣 4：掌握好授權的限度

授權有度，避免越權。有些員工喜歡自作主張，超出底線。因此，管理者一定要事先畫出那條「紅線」，以防公司利益遭受損害。

要訣 5：明確授權的績效指標和期限

管理者在授權時，有必要讓員工知道公司對他的期望——希望把工作做到什麼標準，以及在什麼時間內完成，這樣他才有基本的行動方向。

要訣 6：給員工相應的支持

授權時，管理者最好先告知員工：如果有問題，可以向誰求助，並提供必需的工具或場所。當員工執行工作遇到困

難時，就知道該找哪一個人或單位支援，共同完成任務。

> **要訣 7：授權不等於放手，適時檢查很重要**

　　授權不等於放手，適時檢查是必要的監督過程。當然，這並不是一直緊盯員工，追問工作進度，而是適當切入。譬如，當工作進行到關鍵部分時，稍做檢查，並給予員工肯定，「這個階段做得不錯」，還可以提供一些指導，「如果這樣做可能會更好」。

實務練習

關於授權的細節

→ 計畫授權！

→ 交代員工需要做什麼？

→ 解釋為什麼要做？

→ 向員工說明他擁有的權力。

→ 告訴員工已授予其他人什麼權限！

→ 給員工執行時間和方法的自主權！

→ 在約定的時間檢查！

→ 對員工發生的錯誤要有心理準備！

→ 給予意見，無論是積極的還是消極的！

→ 提供支援——授權之後，你依然有責任！

32 做一個有信用的人

一個有信用的人，比起一個沒信用、懶散、亂花錢、
不求上進的人，自然會有更多機會。

——知名華人企業家
李嘉誠

著名喜劇女演員雀兒喜・韓德勒（Chelsea Handler）在
領英（LinkedIn）的首頁上寫道：「我認為成功的真諦就是
信守承諾，讓別人能夠信任你。」身為企業管理者，唯有守
信用，才能帶領組織走得更遠。

聰明的人能嗅出虛偽的成分，出言要謹慎，將時間花在
重要的事情上。企業文化都是由上而下形成的，且一旦定型，
就很難改變。曾連續 15 年蟬聯世界華人首富的李嘉誠，在
當年經營企業時，遇過這樣一件事：

一位歐洲批發商來到長江公司看塑膠花樣品，並對其讚

不絕口：「比義大利產的品質還好。我在香港跑了幾家，就數你們的款式最齊全，質優價廉！」

在參觀了長江公司的作業環境，發現如此簡陋的工廠，竟能生產出這麼漂亮的塑膠花後，批發商深感驚喜，當即決定大量訂購。只不過李嘉誠當時的公司生產規模，無法滿足數量大的訂單，於是批發商主動提出先付定金，但要求他找個實力雄厚的公司或個人擔保。

找誰擔保？李嘉誠問過所有的親戚、朋友和銀行，沒有一個人願意。面對如此良機，他不想放棄，又苦於無計可施，只好坦誠說明情況：「很遺憾，我找不到擔保人！」批發商對李嘉誠說：「你很坦白，你的真誠和信用，就是最好的擔保。」

李嘉誠憑藉良好的信用贏得一次發展良機，並取得事業的突破性進展。這件事讓他意識到，信用是不能用金錢估量的，卻是企業生存和發展的法寶。他說：「一時的損失將來還可以賺回來，但喪失信用就什麼事情也不能做了。」

「講信用，夠朋友。這麼多年來，任何一個和我合作過的人，都能成為我的好朋友，這一點是我引以為榮的。」李嘉誠表示，有些生意，給多少錢都不賺，因為知道對人有害，就算社會容許，他也不會做。這是李嘉誠做生意的原則，更是做人的準則。

越小的約定或承諾，越要兌現

「過幾天請你吃飯！」

「有需要儘管找我，我一定幫忙！」

「下個月就幫你調薪水！」

這些小小的承諾說出來很簡單，聽起來輕飄飄，再仔細琢磨一下，其實意思含混不清。不少人認為，反正只是隨口說說，何必當真。

殊不知，越是不知不覺許下的諾言或是約定，越要去兌現。因為，它會讓對方欣喜若狂：「原來不是一句客套話，而是認真的。」無疑可增進別人對你的信任感。反之，如果不重視承諾，雖然別人嘴上不會說什麼，但在心裡卻貼上「不守信用」「虛情假意」的標籤。

微軟公司創辦人比爾‧蓋茲，曾因沒有及時兌現一個承諾，而遭到批評和質疑：

一位剛入行的小記者為了寫一篇出色的報導，將採訪對象鎖定為比爾‧蓋茲。在苦等半個月之後，終於得到首肯——採訪安排在一個重大演講之後，時間為當天下午5點。

比爾‧蓋茲的演講非常成功，聽眾們積極提問，希望得到他的建議。結果，他整個思緒都沉浸在掌聲與歡呼裡，根本忘了時間。

等到5點40分，小記者忍無可忍，就寫了張字條請祕書

轉交給比爾．蓋茲，「還有什麼比承諾更重要？」比爾．蓋茲看到這句話，感到十分慚愧，甚至來不及向大家解釋，就匆匆離開演講會場，去接受訪問。為表達歉意，他破例將約定的採訪時間延長 30 分鐘。

也許有人會覺得「成大事者不拘小節」，可是連小事都不認真對待的人，又能期待成就什麼大事？信譽的建立不是一蹴可幾，越是小約定、小承諾，越要努力兌現，個人信用就是這樣點點滴滴累積而來。

▊ 產品品質和個人誠信一樣重要

個人要講誠信，企業也是，包括產品品質和服務品質，說到就要做到，絕不能偷工減料、投機取巧、欺騙消費者。

1995 年，格力董事長朱江洪在義大利考察時，遇到一位客戶抱怨格力空調的雜音大，要退貨。拆開外殼一看，才發現原來是裡面有一小塊海綿沒有貼好。儘管這只是一個小問題，卻讓朱江洪感到奇恥大辱。

當時格力空調供不應求，十分暢銷，但朱江洪卻下令全面整頓品質。這次「海綿事件」啟發格力人「緊盯品質，打造精品」的理念，從此，便像修練生命般修練產品品質。

格力電器副總裁黃輝告訴記者：「保證空調的品質關鍵，是要控制住幾個重要環節，格力對生產過程中容易發生問題的操作，制定出嚴格的規定。任何員工只要違反其中一條，

一律予以辭退或開除。在這道『高壓線』面前，不容有半點討價還價的餘地！」

為了確保格力電器所用的零配件都是最優質的，它建立起業界獨一無二的篩選部門，哪怕只是一個小小的電容器，也要經過檢查。格力還組織「品質憲兵隊」，由朱江洪親任隊長，專門督察生產各環節的品質問題。「要讓消費者覺得，買格力的產品就是放心、安心，絕不能把他們當實驗品！」這是朱江洪經常掛在嘴邊的一句話。

格力的努力得到了回報。有一家美國企業一次採購了 4 萬台格力空調，結果只有 4 台有問題，即萬分之一的不良率。憑藉堅實的品質保證，格力破天荒地提出「全機六年免費保固」的口號，讓同行也自嘆弗如，且在激烈的市場競爭中，贏得眾多消費者的信賴。

▌一旦發現產品有問題，寧可毀掉，也不賣掉

密切注意產品各環節的品質問題，屬於程序控制的範疇。但程序控制再好，也不能確保產品品質百分之百滿意。如果產品生產出來，發現品質有問題時，企業該怎麼處理？是若無其事地以次充好，賣給消費者？還是折價出售？或是用其他方法處理掉？對於這個問題，張瑞敏的回答是「砸掉」，儘管這個做法有些極端，但卻讓品質概念深入人心。

某天，一位顧客來到海爾公司要買冰箱，結果挑來挑去，

發現很多台都有毛病，最後勉強買走其中一台。顧客走後，張瑞敏派人將庫房裡四百多台冰箱全部檢查一遍，發現有 76 台存在品質缺陷。他召集員工，問大家應該怎麼辦？

很多人表示，缺陷不影響使用功能，便宜點賣掉算了。張瑞敏說：「我要是允許這 76 台冰箱能賣，就等於答應你們明天再生產 760 台這樣的冰箱。」他立即宣布，將這些冰箱全部砸掉，並第一個掄起大錘開砸。看著自己生產的冰箱被自己敲爛，很多員工都忍不住流淚。這次事件讓品質概念深入人心，從此，海爾就是品質保證的代名詞。

張瑞敏說：「一個企業要永續經營，首先需得到社會與客戶的認可。只有真誠，才有回報，也才能保證企業繼續向前發展。」對於有缺陷的產品，張瑞敏選擇毫不妥協、大錘一掄，寧可毀掉，也不賣掉。

33　觀察老同事離開時的樣子

科技界是個很小的圈子，你可能會頻繁碰到過去的老同事。觀察他們離開時的樣子，便能從他們優雅的轉身，更加清晰地認識他們。

——谷歌產品高級副總裁喬納森·羅森伯格

　　企業就像一輛大巴士，沿途有人上車，也有人下車。上車即新血加入，下車即有人離開。觀察一個人離開公司時的樣子，可以更深入察人識人。有些員工辭職後，恨不得當天馬上離開；有些則在提出辭呈後，無心工作，四處鬼混；還有一些乾脆不辭而別，沒有任何解釋說明。

　　我曾在一家民營企業擔任高層主管，一名中階屬下在公司任職三年，其間多次抱怨公司管理制度過於嚴格，與自己的個性不符，難以適應。在熬到合約到期之後，他決定跳槽。

　　離職前，我和老闆苦口婆心地勸說，希望他將手頭的專

案做完，並等公司找到合適的接替人選再離開。但他斷然拒絕，還出言不遜：「合約期滿了，走是我的自由，專案和交接工作是你們的事，和我沒關係。」最終，他拍拍屁股走人，留下一個爛攤子。

像這種在公司工作多年，但離開時不講情分的大有人在。他們或對公司心懷不滿，或急於展開新工作，因此對「善後」二字置之不理。俗話說：「聚散總有時。」職場上，新人來、舊人走是再正常不過的事情。離開時的樣子，最能表現一個人的品格和修養。以下三種離開時的表現，就完全具備可敬的職業精神和道德素養。

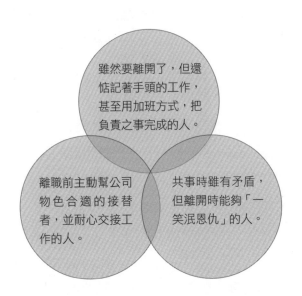

雖然要離開了，但還惦記著手頭的工作，甚至用加班方式，把負責之事完成的人。

離職前主動幫公司物色合適的接替者，並耐心交接工作的人。

共事時雖有矛盾，但離開時能夠「一笑泯恩仇」的人。

有一家廣告公司的老總，打電話給我的朋友，建議他「換個工作環境」，待遇是目前薪水的兩倍，職銜是廣告企

畫總監。這樣的好事朋友當然無法拒絕，但是他請對方給他3個月的時間，因為他的合約還沒到期。我不解地問：「你的合約不是只剩一個月嗎？怎麼還要求人家給你3個月的時間？」

朋友說，雖然他的合約只剩一個月，但覺得應該給老東家足夠的時間去尋找接替人選。一個月過去了，老闆還沒找到合適的人，這並非他們要求高，而是想找一個和朋友差不多的人：踏實苦幹、任勞任怨、敢於創新。

雖然沒有找到合適的人，但朋友若想走，隨時可以離開。而且前任雇主通情達理，雖然捨不得，但還是鼓勵他早點去報到，以免耽誤「前程」。坦白講，朋友也想快一點去拿高薪，但他是個守信之人，說了3個月後再過去，就會說到做到。

又過了一個月，前公司終於挑選到一個還不錯的人選。但朋友仍沒有急著離開，因為繼任者雖然有能力，但對當前的工作不熟悉，朋友覺得他有責任傳授自己的「工作經驗」。一段時間後，待新人逐漸上手，才依依不捨地離開。離職當天，老闆和各部門主管設宴為他送行。

宴席上，眾人逐個和朋友乾杯，他們不停地叮囑：「若是在新單位不習慣，就趕快回來，公司的大門永遠為你敞開。」這些溫言暖語讓朋友多次忍不住流淚……

能夠做到優雅離開的人，首先，擁有強烈的責任感。他們與公司簽下合約，就會做好分內之事，不胡亂添麻煩，這

種人讓人信賴、安心。其次，他們擁有一種寬容感恩之心，儘管與同事免不了摩擦，但在離開時不會帶著仇恨而去。他們感激公司的栽培，而不是宣洩恨意。若有機會，這樣的人還應重用。

一、作為個人，離開時應走得乾淨俐落

走得乾淨俐落，指的是不帶任何工作上的牽絆和名聲上的質疑，即是要求每個離職者，離開時做好交接工作，並讓企業順利找到合適的接替人選，且使他過渡到新工作中。

工作交接的目的，可以具體歸納為以下幾點：

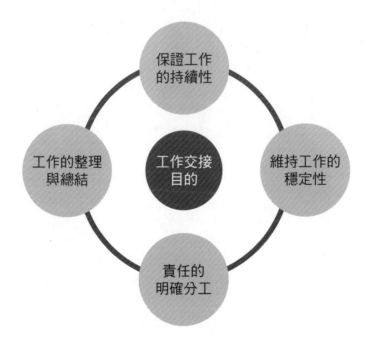

保證工作的持續性

工作的整理與總結

工作交接目的

維持工作的穩定性

責任的明確分工

● **保證工作的持續性**——在有人離職的情況下，保證相關部門所涉及的工作能持續運行，不因員工的離開而產生斷層或銜接不良。

● **維持工作的穩定性**——員工離職，其他人的情緒多少會有一些波動，團隊工作在一定程度上會受到影響；透過交接可以確保工作平穩過渡，避免引起管理混亂。

● **責任的明確分工**——透過工作交接，能明確各項事務的負責人，從而減少推卸責任的藉口。

● **工作的整理與總結**——工作交接是整理該單位業務流程的好機會，也是總結的適當時機。

工作交接內容

☑ 各類文件交接，包括訓練課程、規章制度、申請表單、操作手冊、宣傳資料等。

☑ 任職期間的工作記錄，如電子版的工作日誌、記事本等。

☑ 原單位的工作流程、關鍵控制點和注意事項。

☑ 目前工作的進展程度，包括未完成事項和待辦事項。

☑ 客戶資料交接，主要包括銷售客戶、供應商、對外聯繫的部門及人員情況，尤其要注意客戶檔案的完整性和準確性，如姓名、職務、聯絡方式（手機、電子郵件等）等基本資料。

☑ 固定資產及日常辦公用品等實物移交，注意數量與完好情況。

☑ 各類工具（如維修用品、保管工具、抽屜鑰匙等）。

☑ 款項移交：指員工應在離職前將經手的各種款項移交至財務部。

工作交接的方式具體可以分為以下幾種：

1. 實物交接——直接交給繼任者，並確保數量、品質無誤。

2. 電子檔和紙本——整理完清點相符後移交。

3. 工作流程、關鍵控制點和注意事項的交接，可採取說給對方聽、做給對方看、讓對方做做看、不斷輔導和糾正，確保對方能獨立操作為止。

■ 二、作為企業，為優雅離開的員工敞開大門

員工若能表現出感恩、負責的態度後優雅離開，今後假如還有機會，企業應優先聘用他們，因為其人品和能力已無庸置疑。

繼續上文的故事。

我的朋友就任新工作不到半年，公司就開始找各種理由排擠他，也許是覺得他的價值和貢獻與高薪不符。這讓朋友措手不及，有一天，他忍不住就打電話給原單位的老總。

出乎意料之外，他的話音剛落，老總就說：「如果你不嫌棄我們待遇低，就回來吧！」

「可是，你們已經不缺人了，就算你答應讓我回去，但其他主管會同意嗎？」朋友提出自己的疑問。

「那我們開會研究一下，你等我消息！」

第二天，朋友收到好消息，公司各部門主管一致歡迎他

回去。為什麼？很簡單，因為他當初離開時的身影，足以表現他的為人和素養。

　　站在企業的角度，對於盡忠職守的員工，即便他們離職了，也要給予「好馬也吃回頭草」的機會。反之，那些要走前盡顯醜惡嘴臉的人，最好就永遠關上大門啦。

- 你永遠沒有走出校門，應接受的教育也從未結束。你必須學會謙卑，因為不知道的東西還有很多。

- 每個人都想成功，但沒想到成長。謙卑與年齡成正比，傲慢則恰恰相反。

- 很多企業高層認為即使釋放權力，下屬也不會用。其實不是不會用，而是不敢用，因為權力意味著責任和風險，如果只是找人來墊背或犧牲，誰會願意呢？

- 一時的損失將來還可以賺回來，但喪失信用就什麼事情也不能做了。

- 員工若能表現出感恩、負責的態度後優雅離開，今後假如還有機會，企業應優先聘用他們，因為其人品和能力已無庸置疑。

富能量 026

不會表達，
你的努力一文不值！

作　　者：李文勇
責任編輯：林麗文
特約編輯：羅煥耿
封面設計：木木 Lin
內頁設計：王氏研創藝術有限公司
印　　務：江域平、李孟儒

總 編 輯：林麗文
主　　編：高佩琳、賴秉薇、蕭歆儀、林宥彤
執行編輯：林靜莉
行銷總監：祝子慧
行銷企畫：林彥伶

出　　版：幸福文化／遠足文化事業股份有限公司
地　　址：231 新北市新店區民權路 108-3 號 8 樓
網　　址：https://www.facebook.com/happinessbookrep/
電　　話：（02）2218-1417
傳　　真：（02）2218-8057
發　　行：遠足文化事業股份有限公司(讀書共和國出版集團)
地　　址：231 新北市新店區民權路 108-2 號 9 樓
電　　話：（02）2218-1417
傳　　真：（02）2218-8057
電　　郵：service@bookrep.com.tw
郵撥帳號：19504465
客服電話：0800-221-029
網　　址：www.bookrep.com.tw
法律顧問：華洋法律事務所　蘇文生律師
印　　刷：通南彩色印刷
電　　話：（02）2221-3532

初版一刷：西元 2021 年 11 月
初版十二刷：西元 2024 年 7 月
定　　價：360 元

國家圖書館出版品預行編目資料

不會表達，你的努力一文不值！ / 李
文勇著 . -- 初版 . -- 新北市：幸福文
化出版社出版：遠足文化事業股份有
限公司發行 , 2021.11
ISBN 978-626-7046-17-3(平裝)
1. 職場成功法

494.35　　　　　　　　110018917

本作品中文繁體版通過成都天鳶文化傳播有限公司代理，經北京
慢半拍有限公司授予遠足文化事業股份有限公司 (幸福文化出版)
獨家發行，非經書面同意，不得以任何形式，任意重製轉載。

Printed in Taiwan　有著作權 侵犯必究
※ 本書如有缺頁、破損、裝訂錯誤，請寄回更換
※ 特別聲明：有關本書中的言論內容，不代表本公司 / 出版集團
之立場與意見，文責由作者自行承擔。

幸福
文化